居酒屋の魚類学

高田浩二著／大隅洋子絵

東海大学出版会

Ichthyology of Japanese Fish Bar

Koji TAKADA and Youko OSUMI
Tokai University Press, 2010
ISBN978-4-486-01886-5

はじめに

まずはじめに言っておきたい。本著は、居酒屋で「ちょっともてたい」という、やや下心のある方（どちらかといえばオヤジ族）や店主、店員に薦めたい一冊である。つまり、料理に出てくる様々な水産生物（魚・イカ・タコ・カニ・貝など）の薀蓄を、偉そうに知ったかぶりをするのではなく、楽しく面白く、駄洒落（オヤジギャグとも言うが）付きで語ることができれば、高い確率で同僚や仲間、お客様から、一味違った人気を得ることが請け合いになるだからだ。宴は楽しく盛り上がるに越したことはなく、事実この私が、そんな美味しい経験をしてきたので、間違いはない。

さて、水産生物をダシにした、やや不謹慎な動機から本著を紹介したが、実はこれは本稿を書いてみたいと思ったひとつのきっかけにすぎない。本音はもちろん別のところにある。それは普段、居酒屋、レストラン、食堂、家庭の食卓などで、私たちの目、鼻、舌、胃袋を満足させてくれる水産物たちに、私たちはこれまで、どれほど親しみと礼をもって接してきただろうか。ヒトに食べられる運命として生まれてきた彼らのことを、料理や味覚としてだけでなく、日本の歴史や文化の中での関わり、さらにはすばらしい能力をもった体や生き様に、どれほど畏敬の念と感謝で命をいただいてきただろうか。

もちろん、魚類学の専門書、Ｗｅｂ等で調べても、彼らの情報は入手できる。でもそれは、どちらかといえば、生物学という学問的な切り口であっただろう。私たちが水産物に接する機会は、釣りや水族館よりも、圧倒的に調理された食卓の皿の上でが多い。それもほぼ毎日のように。加えて、日本は美しい四季に恵まれ、季節を愛でる文化があり、すべての自然物に霊魂が宿るという自然観や倫理観をもち、長い歴史や文化の中で食文化も育んできた。そんな、日常の当たり前は、実は他国から見れば驚きの日々なのである。

でもそれらは、いろんな歴史本や料理本を見たり、実際に味わうことだけでも楽しみながら学ぶことはできるだろう。しかし私は、あえて「食べられる水産物から」教わりたいと思ったのだ。食べられる彼らは、ヒトに何と言いたいだろうか。何を伝えたいのだろうか。おそらく、彼らがヒトの言葉を話せたら、「どうせ、飲んだ暮れのお前らに、私のことは理解できないだろう」と言いたいに違いない。私たちがいただいている命は、ほぼすべて、生物進化の上でヒトの大先輩ばかりである。今一度、彼らに「生かしていただいている」私たちを、本著で感じていただければありがたい。そして、これからもずっと、このかけがえのない地球の上で、彼らと共存できるいい関係が結べることを願っている。

高田　浩二

＊　＊　＊

2007年に発刊された『海のふしぎ「カルタ」読本』に続き、今回も高田さんの作品にイラストで参加させていただけた事、とてもとても嬉しく思っています。この『居酒屋の魚類学』は、朝日新聞紙面に三年半連載させていただき、171回続いたのですが、なんと、一度として同じ生物が登場しません。読者の皆さんと同じように、私も171回、驚いたり、学んだり、オヤジギャグにニヤッとしたりな三年半でした。

居酒屋でメニューを見た時、魚屋さんで買い物している時、文章に登場した生物たちに出会うと、「お！　君の事知っとるよ。」と、なんだか彼らを身近に感じたものです。この本で、はじめてこの文章を読まれる方も、私と同じ気持ちになるのかな。その気持ちに、私のイラストが彩りを添えられたらいいなと思っています。

大隅　洋子

目次

ぷちぷち卵のないオスはどこへ

シシャモ

二〇〇六年九月二〇日

私は普通のシシャモ。普通と言ったのには理由があるけど、まずは、頭からかぶりついて、体いっぱい詰まった卵の、ぷちぷちした歯応えを楽しんでちょうだい。そう、私に卵はつきもの、注文されるときに「卵付き」とか「メス」なんていって注文しませんよね。オスはきっとくやしがっていると思うわ。

普段、皆さんが召し上がっているのは9割がノルウェーやカナダ産で本名は〝カラフトシシャモ〟っていうの。では本家はというと、北海道の太平洋沿岸の限られた河口でしか漁獲されない日本固有の魚なの。皆さんの口に入る機会は少ないけど、それはもう香ばしさやボリューム感も抜群なのよ。で、オスだけど、日本産は干物でもおいしく召し上がれますが、外国産のほうは養殖の餌やペットフードなどになっているの。ヒト様の口に入れていただけないのはもったいないわ。そういえば、その昔、オスのおなかにタラの卵を注入して販売した頃もあったとか。オスにも隠された苦労があったのね。

「メンタイコ」は何語かご存じ?

スケトウダラ

二〇〇六年九月二七日

　博多を代表する味は?　と聞かれるとラーメンが有名だけど、この私「辛子明太子」も忘れてもらっては困るわ。でも私、本当は博多が発祥の地じゃないってご存じかしら。

　私の正体はスケトウダラの卵。だから日本語では〝タラコ(鱈子)〟って呼ばれるの。じゃあメンタイコは?　ていうと、実は朝鮮語なんです。タラは〝明太〟と書き、その卵だから〝明太子〟ってわけ。

　そもそも私の母は、冷たい海が好き。だから、博多の近海ではなく、寒流が流れ込む朝鮮半島の周辺で漁獲されるんです。そこに、この地域独特の加工方法で、唐辛子エキスに漬けて発酵させたのね。皆さんが大好きなキムチも同じ原理だから、納得いただけるでしょ。

　日本への初上陸は山口県との説もあるけど、これらの地になぜ?　とお思いでしょう。これは、戦後日本に引き上げた方たちが流行らせたようなの。世間では〝韓流ブーム〟って大騒ぎしているようだけど、昭和20年代からすでにあったのよ。

栄養豊富　サプリメントな気分

サンマ

二〇〇六年十月四日

世の中、健康ブーム。テレビで寒天がいいと聞けば、翌日には店頭から姿を消し、納豆の噂が流れれば、食卓は納豆のオンパレード。薬局にも様々な栄養補助剤が並んでいる。

魚も、「頭が良くなる〜♪」と歌に紹介されているけど、魚屋さんにはたくさんの種類が並び、どれを買ったらいいのか悩んじゃうね。だったら、この秋に最もお勧めなのが、僕〝サンマ〟だ。

それは、漢字で「秋刀魚」と書くからではなくて、この季節に脂肪量が20％にもなって、栄養価が高くなるからだ。豊富なＥＰＡ（エイコサペンタエン酸）やＤＨＡ（ドコサヘキサエン酸）は血液をサラサラに保ち、コレステロールを下げ、脳細胞の働きを活発にする働きがある。これ以外にも、必須アミノ酸や鉄分、ビタミンＡも多く含まれるなど、ちょっとサプリメントな気分さ。

僕を塩焼きで召し上がる方が多いけど、冷凍技術や流通が整備されたのでお刺し身がお勧めです。さて、明日、店頭から僕が消えるかな？

煮付けを食べる時、探してみて

マダイ

二〇〇六年十月十一日

「鯛の鯛」って聞いたことある？タイ科魚類の代表選手って意味ならこの僕〝マダイ〟のことだけど、残念ながらそうじゃない。実は僕だけに限ったことじゃあなく、アジやサバ、カレイなどの硬骨魚類にも共通していることなんだ。

　それは、皆さんが煮付け魚を、ネコ級の骨をしゃぶるような食べ方をした時に見つけることができます。ほら、食通なら見逃さずにはしを伸ばす、胸びれの付け根から出てくる、魚の形をした骨のことなんだ。ヒトなら肩甲骨の場所に相当する。

　思い出したかな？　その骨の形や丸い目のような孔がある表情が、僕の体に似ているから「魚の中にタイがいる」ってことでこう名付けられたのさ。古くは江戸時代の書物にも「鯛中鯛」と紹介されているし、僕は魚の代表選手なので、この骨が「鯛の鯛」と呼ばれるのはうれしい。

　これから煮つけを召し上がる時は、この骨を探してください。魚ごとに形が少しずつ違うので、コレクションするのもいいかもです。

技術の進歩　刺し身もおいしく

二〇〇六年十月十八日

マサバ

君は僕たちサバの種類をどれだけ知ってる？「え〜と、マサバ、ゴマサバ、セキサバ、トキサバ、それから、シメサバっていうのもいるかな…」ちょっと待って。今の中で、正しい魚名は最初の二つだけ。次の二つは有名なサバのブランド名、最後は酢でしめたサバのことだよ。

「サバはたくさん捕れる大衆魚だから、種類も多いと思っちゃった」

その昔は「サバを読む」と言われるくらい、数をごまかしても大丈夫だったんだけどね。今は、漁獲量が激減し輸入している。元々、「生き腐れ」とか「アレルギーの元」なんて言われ、塩や酢漬け、みそ煮でなければ皆さんの口に入らなかった。

でも、大分県の関サバや長崎県の旬サバのように、漁獲方法や輸送、締め方に工夫を凝らした結果、刺し身でもおいしく召し上がれるようになった。おかげで、高級魚の仲間入りをしたのはうれしくもあるけど、やっぱりみんなに愛されたいな。

「秋は君たちの旬だから、お嫁さんと仲良く味わうことにするよ」

この色素、健康にとても効果的

サケ

二〇〇六年十月二五日

トンボのめがねが赤いのは〝夕焼け雲を飛んだから〜♪〟と童謡でうたわれているけど、この私「サケ」の身が赤いのはなぜだとお思いですか？　まさか「赤潮の影響」なんてことはないけれど、実は私の卵「イクラ」も同じ理由で赤いんです。

「何か赤いものを食べたかな？」

さすが、なかなかいい発想ね。皆さんは、βカロチンとかアスタキサンチンっていう言葉を聞いたことがあおりでしょう。前者は、ニンジンなどの野菜の赤い色素のこと。後者はエビ類の赤い色素なの。オキアミなどのエビ類が大好物の私たちは、その色素が体中に蓄積されている。含有量は魚中トップで、あのマダイやキンメダイさんの比じゃない。そしてその色素には、抗がん作用や抗酸化作用の働きがあって、あなたの健康にとても効果的なのよ。

同じ赤みでも、マグロさんは活発な泳ぎのために、酸素を運ぶミオグロビンという血液中の色素が蓄えられている。そう、私の体は〝赤い実を食べた〜♪〟からなのよ。

ギザギザ突起で見分けは簡単

二〇〇六年十一月一日

マアジ

オレは、刺し身、煮付け、フライ、干物、酢の物、タタキなど、どんなポジションも、一年中こなせる万能選手の〝マアジ〟だ。普段は、愛称の「アジ」と呼ばれ、だれもが一度は味わったことだろう。ところがややこしいことに、我が国のアジ科チームには20種ほども仲間がいる。そこで、オレこそが〝真のアジ〟とアピールしておきたい。

といっても見分けは簡単さ。体の中央に、硬いギザギザの突起が並んでいるだろ。これは〝ぜいご〟とか〝ぜんご〟と呼ばれるウロコだ。皆が食する時は、真っ先に切り落とすので気づかないかもしれないが、頭のすぐ後ろから尾ビレの付け根まで並んでいればオレだ。これが何の役立つの？ってか。すまん、オレもまだ判っていない。

日本各地にいるが、長崎県出身者が一番多い。ここでは〝トキアジ〟や〝ゴンアジ〟というブランド名もついた。大分県の〝関アジ〟も有名だ。かつては庶民派だったが、オレもセレブになっちまったもんだ。

貴重で手間がかかり高価な卵

ボラ

二〇〇六年十一月八日

皆さんは普段、どんな魚の卵を召し上がっていますか？

「日頃はイクラにタラコ、お正月にはカズノコあたりかな」

そうね、まず思いつくのはそれくらいかもしれません。でも、私〝ボラ〟の卵巣は、越前のウニ、三河のコノワタ（ナマコの腸）と並んで、日本三大珍味と呼ばれるくらい有名なんだけど、ご存じないかしら？

「そうそう、確か長崎名物の〝カラスミ〟って、ボラの卵の塩漬けだったよね。忘れててごめん」

気にしないで。カラスミにするボラは、11月から2月に長崎県沖を産卵のために通過する個体に限られる。だからわずかしか捕れない。しかも製法が天日干しでとても手間がかかるし、卵の袋が少しでも破れたら商品にならない。だから、100グラムで5千円から1万円もするの。皆さんのお口に入り難いのも仕方ないわね。カラスミの名は中国の唐の墨に形が似ているから。だけど、中国の三大珍味（フカヒレ、燕の巣、熊の手＝異説あり）には負けないわよ。

お値段も体もビッグな「横綱」

クエ

二〇〇六年十一月十五日

福岡では今、大相撲の真っ最中。市内でも巨漢の力士を見かける。

しかし、何を食べたらあんなに大きな体になるんだろうと、不思議に思うかもしれないな。力士の食べ物と言えば〝ちゃんこ料理〟。九州場所ではこのワシを使った「クエ（アラ）鍋」が有名じゃ。

「そういうクエさんも、ずいぶんお体が大きいですね…」

そう、ワシは大きくなると全長2メートル、体重が170キロの例もある。まさに魚界の大横綱というところだ。

「お値段もビックなようですね」

漁獲量が少ないこともあって、1キロあたり1万円もする。でも、ワシの体は捨てるところがなく、内臓、皮、骨、目玉などは珍味だ。特に、皮と骨の間のゼラチン質にはコラーゲンがたっぷりで健康にもいい。

「お味見したいけど、なかなか庶民には手が出ませんね…」

いや、最近では種苗生産の研究が進んで、大量養殖も実現しそうと聞いてるぜ。そうなれば、近くの魚屋でも〝うっちゃって〟いるかもよ。

スルリと横へ裂ける秘密は…

スルメイカ

二〇〇六年十一月二二日

私はスルメイカ。干したものは、「スルメ」と略されたり、飲食店からは「する」という言葉の意味を嫌って「当たりめ」と呼ばれている。

干物の〝スルメ〟は、平安時代にタコの干物とあわせて、墨をはくものの群れから「すみむれ」と呼んだことが語源らしいの。

でも、一般にスルメと言えば、やはり私たちイカかしら。最近は、機械乾燥が多いけど、香りが良くてうまいのはやっぱり天日干しだわ。べっ甲色して、表面に白い粉がたくさん吹いているのを選んでね。

ところで干しスルメは、胴体部を簡単に横へ細く裂くことができるよね。これは、筋肉繊維がその方向に並んでいるからなの。でも、私を火であぶると、丸く曲がるのは縦方向。これは、胴体のコラーゲン繊維が縦に並んでいて、加熱すると筋肉繊維よりも強く収縮するからなの。

ややこしい話をして墨を吐き、まるで煙に巻くようだけど、けっして「いかさま」はしていないのでご安心くださいな。

オレのどこを食べるか分かる？

ウニ

二〇〇六年十一月二九日

も～！　まったく誤解だらけだ。

「どうしたんだい、そんなにトゲをたくさん立てて怒ってさ…」

いやこの体はウニだから。ほら、みんなはあまりにもオレのことを知らないじゃない。で、君はオレのどこを食べているか知ってる？

「そんなの簡単さ。黄色い粒々があるから卵じゃないの？」

ほ～ら、最初から間違いだぜ。オレ様の身は生殖巣なんだ。つまり、精巣も卵巣も両方食べてるんだ。ところで君は、ウニは好物かい？

「瓶詰めはアルコール消毒がしてあって、ちょっと苦手かな…」

これも外れだ。瓶詰めの味は、明治初期に山口県の六連島で、英国人の船員がうっかり酒をウニにこぼしたところ美味だった。以来、山口名産の新しい食べ方になったんだ。

「でも、あの分厚い瓶は上げ底っぽくて中身が少なすぎない？」

おいおい、オレは貴重な食材なんだ。小さな瓶に入れたら豪華さがなくなって有り難味がないだろ。あのパッケージも先人の知恵なんだぜ。

沖縄名物「アバサー汁」いかが

ハリセンボン

二〇〇六年十二月六日

「メンソーレ（ようこそ）沖縄」おお！　沖縄言葉で出迎えてくれた君は〝ハリセンボン〟じゃないか。で、なぜその挨拶なの？

「今日は僕の沖縄名物料理〝アバサー汁〟を紹介しようと思ってさ。で、君は食べたことある？」

アバサーがハリセンボン科の魚の沖縄名であることは知ってたよ。でも、体が数百本のトゲでおおわれた君を、一体どうやって食べたらいいの？　口や食道に針が刺さったら激痛だし、その前に下ごしらえも難しそうだね。だいいち、君はフグの仲間だから毒も心配なんだけど。

「アバサーの仲間は、肉にも内臓にも毒はないんだ。それに、口やヒレなど数ケ所に切れ目を入れると、簡単に皮が針ごとはがせるんだ。でも、調理に軍手は必要だよ」

あ〜驚いた。針を一本ずつ抜くのかと思ったよ。ところで、西日本では、12月8日が針供養の日らしいから、この日は君に感謝して食べることにするよ。これからも〝チバリヨー（がんばってね）〟。

コワ〜いお顔はダテじゃない

オニオコゼ

二〇〇六年十二月十三日

ちょっと、そこの殿方！　奥さんに頭が上がらない夫のことを〝恐妻家〟って言うのらしいけれど、魚にもいるってご存じかしら？

「それはお気の毒に……。でも、どんな魚の妻がそうなんですか？」

あら興味があるの？　それは、この私〝オニオコゼ〟のこと。漢字では「鬼虎魚」って書くの。これは姿や形相が鬼や虎みたいだから。確かにお顔は美しいとは言い難いし、体もボロをまとったようだから……。

別名「ヤマノカミ」って呼ぶ地方もあるらしいわよ。貴方も奥さんのことを、影で「山の神」って言ったりしてないこと？

「何でもお見通しなんですね」

それくらいで驚かないでちょうだい。私の背ビレのとげには猛毒があって、刺されると激痛が走り命の危険さえある。ご注意なさって。

「でも、お料理では白身で淡泊。フグ以上にうまい高級魚って、とても評判ですよ」

そうそう、貴方も奥さんを大事にしたら、今夜はごちそうかもよ。

聖夜にぴったり　刺し身も絶品

ヒイラギ

二〇〇六年十二月二〇日

クリスマスが近づき、そこもかしこも、にぎやかな音楽や照明、装飾で盛り上がっています。二人だけの特別な計画がある方もいるかもしれませんね。そんな聖夜にぴったりのシーフードといえばこの私です。

「え〜っ。真っ赤なロブスターで豪華なディナーと思っていたのに、あなたのどこがそうなんだい」

あら失礼ね、私の名前は「ヒイラギ」。漢字でも「柊」と書くのよ。ほら、クリスマスリースで使う葉っぱと同じなのよ。ヒレのトゲが鋭いのでこの植物の名前をいただいたの。

「へ〜、木偏の魚もいるんだね。で、君は美味いの?」

もちろんです。普段は煮付けが多いけど、刺し身は絶品なのよ。

「でも、見た目が派手なほうがいいよね。雰囲気も大事だしさ〜」

あら、それだったら、私の食道の周囲には青白く光るバクテリアがすんでいて、体の外からも輝いて見えるのよ。それはまるで、きらめく星くずのようなの。ほら、ロマンチックな夜の演出に最適でしょ。

イサキ

「今年は僕の年」なぜでしょう？

二〇〇七年一月一〇日

あっという間に松が明け、正月気分も抜けた頃でしょう。それともまだ、重箱のタイやブリを大事に残しているのかな？　はたまた「おせちどころでは…」という人には、僕が新年気分にしてあげよう。

「茶色いしま模様の一見地味な君の、どこがお正月なんだい？」

それがですね、今年の干支である〝亥〟と関係あるんだ。

「イノシシは陸の動物だよ。ひょっとして牙があったり、味が似てたり、猛突進で泳ぐのかい？」

そうじゃない。まず、僕の名前は「イサキ」。漢字では〝伊佐木〟とか〝鶏魚〟と書くこともある。

「おいおい、今度は鶏かい」

最後まで話を聞いてよ。さっき、僕のしま模様に気がついたよね。実はこれが、イノシシの子どもに似ているから「ウリンボウ」とも呼ばれる。コトヒキやシマイサキにも同じ模様があって「猪の仔」という別名がついている。これから、彼らとトリオで重箱に盛り付けてもらえば、まだ旧正月には間に合うかもよ。

養殖物も無毒とは限りません

トラフグ

二〇〇七年位一月十七日

寒いわね。今夜は、私の鍋〝てっちり〟で暖まってはいかがかしら。

「これはフグさん、やっぱり魚の鍋はあなたが一番。でも財布の中身もさることながら中毒が心配だよ」

そんな、きちんと調理免許を持った料理店で召し上がったら大丈夫。

「でも、毒の成分のテトロドトキシンは無色で味もなく、青酸カリよりも猛毒だから、気がついた時に死んでいたら洒落にもならんね」

だったら、もう少し私の毒について知ってちょうだい。まずこの毒は海底の細菌が作り、それがゴカイやヒトデに食べられ、それを私がエサにして体に濃縮されるの。そんな訳で「養殖フグには毒がない」なんて言う人もいるけど、ちょっと待って。養殖には湾を仕切ってするものもあるし、網の表面にはヒトデやゴカイもくっついてる。また、ある実験では、私が自ら好んで毒をもつ生物を食べることや、養殖物も一週間で有毒化したこともわかったの。

「それは怖い。鍋で暖まったのに冷たい体になってはかなわんね」

固い殻ゆえ口数少なく

カキ

二〇〇七年一月二四日

今、最も旬なのはカキ。フライや焼きガキ、そのまま生でなど、あの肉厚でプルルンとした食感は、磯の風味豊かでクリーミー。別名「海のミルク」って言われるのも納得します。それに、ビタミンB_2、B_6やグリコーゲン、タウリン、亜鉛などの栄養分もたっぷり。

「お前、ちょっとしゃべりすぎだぜ。男はもっと静かにだな…」

そんなあなたは〝カキ〟さんじゃないですか。なぜ黙ってるんです？もう少しお話しして下さいよ。

「オレの英語名〝Oyster〟は、寡黙さの代名詞。つまり口数か少ないこと。これは、貝殻が簡単に開かないからだぜ」

でも、窒息しそうで心配だけど。

「グリコーゲンが無酸素のときに体内で活躍しているから大丈夫」

でも、水中では1時間に20リットルも海水を吸い込んでいると聞きましたよ。誰も見てないところじゃ、案外おしゃべりなんじゃないですか？

「いや、おれは漢字で〝牡蠣〟と書く。ほら、ここにもオスの字が」

私の名、武士喜んだり嫌ったり

コノシロ

二〇〇七年一月三一日

木枯らしが吹き、冬本番だが、お主、背中が丸まってなさけないぜ。

「コノシロさんは漢字で〝鮗〟と書くし、この季節は脂がのって酢締めや塩焼きでもうまいから、冬の寒さがお似合いだけど、その忍耐力には何か訳がありそうですね」

おお、良くぞ聞いてくれた。拙者の名前には武士が良く似合う伝説がたくさんある。まず、戦国の武将〝太田道灌〟は〝九の城〟を手に入れる兆候と喜び、江戸城を築いたと言う。また他の武士は逆に、〝この城〟を食うことを忌み嫌って〝コハダ〟と呼んだそうじゃ。

「良かったり悪かったりですね」

下野国（栃木県）では、長者が娘を国司に差し出すことから逃れるために、拙者を詰めた棺を焼いて、そのにおいで火葬を偽装して助かった。このことから、〝子の代〟と呼んだんだそうじゃ。

「なんとも泣けるお話ですね。そう言えば、コハダは江戸前鮨の〝光り物〟でも欠かせない存在。江戸っ子の粋さでも光ってます」

鍋場所「東の横綱」味な七つ道具

アンコウ

二〇〇七年二月七日

節分が過ぎたらもう春らしいけど、まだまだ鍋料理が恋しいね。

「だったら今夜は、アンコウ鍋で温まったらどうだい。鍋の西横綱がフグなら、東はこのオレだぜ」

君は切り身で売られているから、どんな魚か調べたら、上から踏んづけたような平たい体で、色は地味。頭と口がでっかく全身がぶよぶよ。しかも表面は粘液でずるずる。ちょっとギャップが大きいよ。

「そんな…。吊るし上げられるのは解体の時だけで十分だ。オレはこの体だから、下あごに大きなカギを引っ掛けてぶら下げ、そうして切り刻むちょっと残酷な調理をされる」

それはお気の毒に……。

「でもだな、オレには俗に〝アンコウの七つ道具〟と言って、肝、とも（尾びれ）、ぬの（卵巣）、えら、水袋（胃袋）、頬肉、皮と、全身が食えるし、中でも肝はフォアグラよりも美味と言われてるんだぜ」

あん肝は大好物ですよ。それに、えらが食べられる魚あまりいないかも。残さず堪能しま〜す。

一時は激減…秋田名物が復活

ハタハタ

二〇〇七年二月十四日

「秋田名物、八森、ハタハタ♪」

おや、リズミカルな秋田音頭の歌声が聞こえて来たけど、何かいいことがあったのかな？

「そう、私は冷たい海の魚〝ハタハタ〟です。実は、私の復活がうれしくて浮かれているの〜♪」

復活って、一体何が起こったの？

「それは、70年代後半以降のこと。乱獲や海洋環境の変化で、私の漁獲量が激減したのサッサー♪」

そりゃ〜大変だヨイナ〜♪

「そこでサッサー♪　秋田県では、92年に周辺の県と3年間の全面禁漁や漁獲量の上限を設け、手厚く保護していただいた〜♪」

そりゃいいこった〜、それで？

「おかげで仲間が戻り、02年には『秋田県の魚』になった〜♪」

それはおめでとう。昆布だしでゆでた〝湯あげ〟、魚醤を使って煮込んだ〝しょっつる鍋〟、〝ぶりこ〟と呼ばれる卵など、これからも皆の舌をうならせてくださいね〜♪

「ハイ、キタカサッサー、ヨイサッサ、ヨイナー、うれしいわ♪」

私って本当は××なんですけど

タラバガニ

二〇〇七年二月二一日

2月も後半だから、そろそろ鍋も食い収めかも。で、今夜はカニにしようと〝タラバガニ〟買ってきた。

「おいおい、ちょっと待って。今の言葉に重要な誤解がある」

鍋は一年中やれるだろってことかい？　じゃあ、春も夏も秋も……。

「そうじゃない。この僕〝タラバガニ〟をカニって言うところだよ」

そんな、どこから見ても立派なカニじゃない。甲羅も脚もツメも……。

「ほら、また間違いがある。僕の脚をよく見て。普通のカニは歩く時に使う脚は4対。僕は3対でしょ」

確カニ……。だったタラバ、君の正体は何なのカニ？

「しゃれてないで、よく観察して下さい。僕はヤドカリの仲間なんです。先ほどの4対目の脚は甲羅の中に小さく隠れている。それ以外にもメスの腹部が右にねじれていたり、腹部にある腹肢の数、卵を産む孔の位置、ハサミ脚の関節や触覚の長さなどもヤドカリの特徴なんだ」

う〜ん。難しすぎて、食べる前から黙り込んじゃうね。

カラを割っても驚かないでね

アカガイ

二〇〇七年二月二八日

冬から早春が旬ってことで、今日はアカガイを調理しようと殻を割ったんだけど……。うわ〜っ！　この貝真っ赤な血を流して痛々しそう。

「そんなに驚かないで。これは、私の血液に皆さんの体と同じ、鉄分を含んだ〝ヘモグロビン〟という色素たんぱく質があるからなの」

だからなのか。漢字でも〝赤貝〟と書く理由がわかりました。

「普通の貝の血液は銅を含んだヘモシアニンなので、薄青もしくは無色。だから気付かないだけ」

赤い色のほうが、何だか栄養分たっぷりっていう感じもするね。

「よくぞ言ってくれました。その鉄分はホウレンソウよりも多く、ビタミンA、B_{12}も豊富なんです。さらに、免疫力を強化をするグルタチオンもあるのよ」

だったら、もっとたくさんとりたいけど、潮干狩りの砂浜ではあまり見かけないですね。

「そう、私は水深10〜50メートルの泥状の海底にすむので、皆さんは魚屋さんで〝掘り出して〟下さい」

違いを見分けるのは簡単よ

シロウオ

二〇〇七年三月七日

水中にも、名前や姿が似た者同士がいますが、この私、シロウオとシラウオの違いをご存じかしら？

「どちらも春を告げる魚だね。特にシロウオさんの、福岡市室見川の簗漁や踊り食いは有名ですよ」

そう、河口にハの字に杭を打ち、その奥に網を仕掛ける。そして、川底の石の下に産卵するために、海から溯った私を漁獲してるの。

「外観で違いがわかるかな？」

私は5センチほどで小さく、体の真ん中に浮袋が透けて見え、腹ビレが吸盤状になっているから簡単よ。

「お二人とも、数がめっきり減ったと聞き心配していますが」

そうなんです。環境悪化が一番の原因のようだけどね。元々、私もシラウオさんも寿命は1年と短命。でも私どもの自慢は、産卵後メスが死んでも、オスは孵化までの3週間、エサも食べずに守り続けるのよ。

「違いを見分けるのは、素人には難しいと思ったし漢字でも〝素魚〟と書くので、聞くのは不安だったけど、さすがご本人は詳しいですね」

求愛するなら僕を手本にしてね

二〇〇七年三月十四日

コウイカ

バレンタインデーから1ヶ月。ようやく14日のホワイトデーで、ヒト様の〝恋の騒動〟が一段落したようだけど、どう、成果はあった？

「そんなこと、聞くなよ！」

その反応では、失敗だったようだね。では、僕もこれから恋の季節に入るので、お手本にするように。

「おお、コウイカくんはどのようなアタックを？　教えて下さい」

まず、気に入った相手が見つかったらすぐそばに寄り添う。すかさず、優しくヒレで触ってなでる。

「そこまでは自分もやった」

次に、強敵が現れたら、間に入られないようにしっかりガードし、場合によっては戦闘モードも必要。

「そうか、強くなくては……」

こうしてお互いのムードが盛り上がって、やっと愛の交歓に入れる。

「さすが、とても参考になった」

でも、産卵が終わったら、わずか1年の寿命を終えるんだ。だから、フライ、天ぷら、刺し身など、召し上がる時は、僕らの愛の健闘をたたえながら味わってくださいね。

食べすぎたらお尻が光る?

ホタルイカ

二〇〇七年三月二八日

突然クイズです。春先に日本海沿岸で発光する生物と言ったら?

「あ～ら、いきなりの割には簡単な問題ね。それは、この私〝ホタルイカ〟のことでしょ」

正解! さすがこれから旬を迎えるホタルイカさんですね。では、なぜ光っているんでしょうか?

「それは難問ね。陸のホタルは求愛行動だけど、私の場合は、あまりロマンチックな話は聞かないわ」

漁獲時に海面で、腕先を青白く光らせているので、危険が迫って驚いているんじゃないの?

「それは、産卵のために浅瀬に上がった私を捕まえるのでそう見えるけど、普段は200《メートル》より深いところにいるから、誰もその深さで光っているのを見たことがないのよ」

どんな仕組みで光るんですか?

「原理は、ルシフェリン、ルシフェラーゼという酵素の反応なので、普通のホタルと一緒なの」

煮つけ、釜揚げ、お刺身でもおいしいらしいけど、たくさん食べても私のお尻は光らないでしょうね?

居候のカニは食べても大丈夫

アサリ

二〇〇七年四月四日

うららかな春は、浜が広く干上がり、潮干狩りに最適だ。しかも、掘ったアサリは、バター焼き、酒蒸し、みそ汁などで胃袋も大満足する。

「そうなんだ。この季節、この僕〝アサリ〟は、身がいっぱい詰まっていて正に旬の食材です」

でも、君が殻の口を開いたところを見ると、時々、小さなカニが出てくるよね。ちょっと気味悪くて、食べていいのかも心配なんだけど。

「実はあのカニは、僕の体の中に住む居候で、〝オオシロピンノ〟というカクレガニの仲間なんだ」

え〜っ、いつから住まわせているんだい？　邪魔じゃないの？

「このカニは、幼生の時は海を漂っているけど、数ミリの稚ガニになると断りもなく入ってくる。そうして、僕が食べているプランクトンを横取りしながら居座るんだ」

それって〝寄生〟って言うんじゃない？　君の体は影響ないの？

「僕も食べた君も大丈夫。出て行ったらカニは生き残れないしね」

君は春のように温厚な貝だね。

おいしくなるための変身よ

ワカメ

二〇〇七年四月十一日

「レディース&ジェントルメン。今宵、皆様を、イリュージョン(錯覚)の世界に誘いましょう」

マジックショーが始まりました。マジシャンは、なんとワカメだ!

「私は褐藻の仲間。だから体は褐色です。では、この色を一瞬のうちに変えてみせましょう」

熱湯が入った大鍋が用意されました。スリリングな仕掛けですね。

「では、この中に私が入ります。1・2・3、ザブ〜ン!」

うぁ〜っ、あっという間に、緑色に変身しましたよ。すごーい。

「では、さっそく種明かしをしよう。私の体にある、様々な色素の中で、緑色のクロロフィルが熱に強く弱い他の色が退色したからです」

そうか、酢の物やお吸い物であなたを食べる時、緑色をしているから緑藻類と思っていたけど、加熱で変色していたんだね。

「そうそう、それはあなたの思い違いだったんです。ちなみに、メカブは私の体の一部。別々の海藻と錯覚しているヒトはいませんか」

白身で上品だけど実は危険よ

サワラ

二〇〇七年四月十八日

皆さん、私は春を告げる魚の一つ「サワラ」です。漢字でも〝鰆〟と書くのでご存じでしょ。

「もちろんです。貴女は白身でお上品。料理でも西京漬けは有名。お刺身は超美味と聞いています」

ありがとう。それに、この呼び名は細身の体から〝狭腹〟が語源なのよ。スレンダーさも自慢かな。

「ますます惚れちゃいました」

でも、ちょっと危ない出生の秘密があるの。実は私は、サバ、カツオ、タチウオと親類のサバ科の魚。

「なぜそれが危険なんだい？」

私の口をよく見てちょうだい。大きな顎には鋭い歯が並び、ちょっと凶暴そうな印象があるでしょ。私たちサバ科は、稚魚の頃は姿が似て頭も口も極めて大きくとても貪食。片っ端から小魚を食い荒らすの。

「うぁ〜、スレンダーな美しい外見によらず怖いんですね。これはもう、近寄らないほうがいいかもしれません……」

そうそう、サワラぬ神にたたりなしよ。お気をつけなさって。

空飛ぶ僕の旬は初夏？・正月？

トビウオ

二〇〇七年四月二五日

そりゃ〜旬は、今頃から初夏だよ。〈なんば言いようと！　雑煮に使うっちゃけん、冬くさ！！〉

「おや、何かもめごとですか？」

いや〜ね、君の旬がいつかっていう話になって、困ってるんだ。

「そんなに僕〝トビウオ〟のことで言い争わないで下さい。確かに博多は、僕でとったアゴダシのお雑煮がないとお正月が来ない。でも、僕の漁獲は春に南の海から始まり、夏に山陰あたりで最盛期になる。俳句でも、夏の季語として使われる」

ほら〜。やっぱりこれからの季節が君の旬ってことだね。〈ばってん、博多やったら譲れんばい。味な干したとの方がよかろうもん〉

「まあまあ、僕はいつでも、どこでも、いろんな料理でおいしい魚、ということでいいじゃない」

そうだね。君の別名〝アゴ〟は、「顎が落ちるほどうまい」からきている。また、伊豆ではあの珍味〝くさや〟にも使われるくらいだし。

「そうそう、僕はなんたって空を飛べるんだから、とびっきりさ」

ゴールドな私と出会ったかな

シイラ

二〇〇七年五月一〇日

黄金週間も終わり、ほっと一息ついている頃でしょう。皆さんは、どこでどんな体験をしましたか?

「なんてったってゴールデンな週だから、海外旅行で、僕のように金ピカに輝く魚を釣ったり、召し上がった方はいませんか?」

そこまで金色にこじつけた話はそうそうないと思うけど、私はハワイでトローリングをして、そこで釣れた〝マヒマヒ〟と呼ばれる魚のステーキとバーガーを食べたよ。

「ほらっ、ちゃんと経験してるじゃん! そのマヒマヒは、この僕、〝シイラ〟のことです。海で泳いでいる時は金色に輝いているので、スペイン語では黄金の意味である〝ドラド〟と呼ばれるんだ」

その名前は、あのヘミングウェイの有名な「老人と海」で読んだよ。この作品では、君がトビウオを追いかけたり、ボートにまとわりついたり金色に輝く姿も描写されていた。彼は博物学者だったかも……。

「きっと彼も、海でバカンスをして僕と出会ったんだろうね」

たたきでも「肩たたき」はいや

カツオ

二〇〇七年五月十七日

おや、そこのビジネスマン君、ちょっと疲れてそうだね。ひょっとして〝五月病〟とかじゃない？　僕のように、シャキッとして！

「おや、そんな君は〝カツオ〟じゃない。正に、目に青葉のこの季節は脂が乗って旬ですよね……」

その通りです。まずは有名な〝たたき〟で召し上がってください。これは、身と皮の間の脂分を閉じ込めるために強火で炙って、皮ごと食べられるようにした料理法なんです。

「でも〜、〝たたき〟の起源は、江戸時代に、四国で食中毒の事件があって刺し身が禁止されたために、焼き魚のふりをして食べたことが始まりだと聞いていますよ〜」

よくご存じで……。しかし結果的に〝土佐づくり〟として名物になり、おいしいんだからいいじゃない。

「でも〜、〝たたき〟って痛そうな名前で、お気の毒ですね……」

漬け汁や薬味、塩がよく身になじむようにたたくのらしいんだけど、君はそんなに元気がないと、そのうちに〝肩たたき〟にあっちゃうよ。

味もピカイチの鹿児島名物

キビナゴ

二〇〇七年五月二四日

「おやっとさぁ。あたいはキビナゴごわんさ。元気じゃしたな?」

ひょっとしてそれは鹿児島弁ですか? でも何て言っているのか? これからは標準語でお願いします。

「分かったわ。でも、いきなり方言で挨拶したわけは、私が鹿児島名物だからだけでなく、名前の由来も、この帯模様を鹿児島南部で〝キビ〟と言うから。それに、小さな魚の意味の〝ナゴ〟がついたの」

キビナゴさんの、銀と青に輝くストライプは清涼感があるし、手開きされたお刺し身は、お皿に花びらのように盛り付けられ、それはもう、味でも美しさでもピカイチです。

「ありがとう。でも私は、その昔はたくさん取れすぎて、肥料や釣りエサで利用された頃もあったの」

いやいや、から揚げ、煮付け、甘露煮などなど十分に堪能してます。

「私は優美な泳ぎも自慢なんだけど、ウロコがはがれやすいので長期飼育はとっても困難なの……」

成長や回遊ルートも不明と聞いています。ぜひ海でお会いしもんそ。

天然と養殖の違いは脂肪分

アユ

二〇〇七年五月三一日

6月を迎えると各地の河川では、この私〝アユ〟が解禁になるわね。

「そうなんだ、清流の女王の君は日本を代表する淡水魚で、別名〝香魚〟と書くほどいい香りがする」

この私のにおいは、川底の石の表面の珪藻を食んでいるからなのよ。

「で、味はどうなんだい？」

塩焼き、せごし、鮎寿司など、素材を損なわないお料理で楽しめる。特に天然物は淡泊な味でお上品よ。

「でも、養殖物との見分けは？」

外観上は、黄色っぽいほうが天然物と言われている。またお味は、好き嫌いもあるけれど、脂肪分が少なく、召し上がる時に中骨がきれいに抜けるのが天然だと思って。

「やはり、運動不足で脂質の多いものを食べているとそうなるのか」

ヒト様では、中性脂肪が多いと〝メタボリック症候群〟なんて呼ばれて注意信号がともったりするけど、アユの場合もそうなのかしら……。

「アユは〝年魚〟で、寿命が元々1年しかないけど、僕は長生きしたいから気をつけることにするよ」

丈夫な歯と洗いや作りも自慢

イシダイ

二〇〇七年六月七日

おや、イシダイさん、晴れやかな笑顔できらりと歯が光っているけど、何かいいことでもあったの？

「ええ、今週の6月4日から10日までが〝歯の衛生週間〟なので、この私がモデルの撮影会があるの」

なぜ貴女なの？　マダイのほうが魚の代表にふさわしそうだけど。

「ま～失礼な！　私は白黒のしま模様で色は地味。味も磯くさいから味は劣るかもね。プンプン！」

そんなに怒らなくても……。

「でも、洗いや河豚造りにしていただいたら結構おいしいのよ。それにこの丈夫な歯が一番の自慢なの。一つ一つの歯が接合して、鳥のくちばし状になり、これで硬いフジツボやサザエの殻をかみ砕き、ウニのトゲだってへし折っちゃうのよ」

うぁ～、すごいですね。そう言えば、貴女の英語名の〝Japanese Parrot Fish〟には、オウムを意味する文字が入っていました。

「ほ～ら、分かればよろしい。芸能人も歯が命らしいけど、私もこの歯で魅力を発揮しているのよ」

骨抜いて介護食や学校給食に

タチウオ

二〇〇七年六月十四日

あなたは、シルバーと聞くと何を連想されますか？

「シルバーは銀色のことだけど、日本では高齢者も意味するよね」

では、シルバーな魚と言ったら？

「そりゃ〜、タチウオでしょう」

そうそう、この私〝タチウオ〟の金属的な光沢は正に剣。漢字で「太刀魚」と書くのも納得でしょ。

「そうだね。でも最近、高齢者などの介護食として、骨を抜いた君が出回っているようだけど……」

まさか、シルバーつながりでこの私が抜てきされたわけではないと思うけど、鋭い骨があっても白身で骨離れがいいから選ばれたのかしら。

「骨抜き魚は、食べやすさから学校給食でも使われているんだ」

子どもたちには、骨付きで食べてもらい、体の仕組みも知っていただきたいわ。背びれだけでも130本以上はトゲがある。それに、私の肌の銀色をしたグアニン箔から、模造真珠もつくられているのよ。

「銀婚は25年、真珠婚は30年、共に白髪の生えるまでだね」

白身でさっぱりした味に人気

シロギス

二〇〇七年六月二一日

6月22日は、太陽の高度が最も高い夏至です。この頃になると、沿岸ではこの私〝シロギス〟が、光の反射できらめく浅い砂地の海底に、産卵のためにやって来ます。

「だから、アユと並んで、夏の釣りの代表選手になってるんだね」

それに、この淡い黄色の透き通った体が保護色になり、砂に潜って隠れるのにも好都合なのよ。

「君には、〝夏の貴婦人〟とか、〝砂底の貴公子〟、〝銀輪の女王〟、〝色白美人〟など、褒めたたえる枕詞が多いけど、そのほっそりした容姿以外にも愛される理由がありそうだね」

そう、釣りの楽しさに加えて、私の身は白身で淡泊。天ぷらでも、お吸い物でも、酢の物でも、ぷりぷり感のあるさっぱりしたお味も、人気の秘密じゃないかしら。

「味よし姿よし、とくれば、あとは性格くらいだけど……」

危険が迫るとすぐに逃げ隠れる臆病者だけど、これも優しさゆえよ。

「君は、漢字でも魚偏に喜ぶと書くし、うれしいことばかりだね」

「傷だらけ」じゃない私の人生

スズキ

二〇〇七年六月二八日

「古い奴だとお思いでしょうが、古い奴ほど新しいものを……」

おや、どこかで聞いたようなせりふですが、なぜ君が古い魚なの？

「お兄さん良くぞ聞いてくれた。この俺〝スズキ〟は、いにしえの時代は遺跡から骨が出る、古事記には神殿へ献上したと記述され、それ以降も、各時代の書物で度々登場してはやされてきた」

そんなにすごいお方とは……。

「まだある。代表的な料理の〝奉書焼き〟は、江戸時代、松江の藩主に召し上がっていただくために、高級和紙の奉書紙に包んで蒸し焼きにしたのが始まりなんだぜ」

へ〜、由緒あるお魚ですね。

「生物学にも寄与してるんだ。ヒト様でも鈴木さんは多いけど、分類単位の〝スズキ目〟は魚の最大派閥で、約40％がこの仲間だ」

で、新しい話題はないの？

「昭和には、公害汚染の有害魚との風評被害で〝右も左も真暗闇〟だったが、最近は漁獲も増加した」

傷だらけの人生じゃないですね。

天ぷら、素焼きでさっぱりと

マアナゴ

二〇〇七年七月五日

そこの君！　体が黒くて細長いけど、ウナギ？　それともアナゴ？

「僕は〝マアナゴ〟。通称、アナゴって呼ばれている。でも、ウナギとの見分けは難しいですか？」

いや、体側に白い斑点が並び、上あごが長いので分かってたけど。

「でも、その疑い深い目は？」

いや、最近ウナギの稚魚が、日本沿岸への来遊が激減したり、ヨーロッパ産がワシントン条約で規制の対象に提案されたりしてさ……。

「それが、僕と何の関係が？」

いや、だから、君がウナギの代用品になってもらえないかと……。

「まったく失礼な。確かにウナギは、僕よりビタミンも豊富で、脂質も倍以上あるからスタミナ食としてファンも多い。でも逆に、僕はさっぱりしているので、天ぷら、素焼き、わんダネでも好まれてるんだ」

いや、すまん、すまん。君を粗末にしたみたいで申し訳ない。穴があったら入りたいよ。

「ああ、その穴に入るのは、僕の得意技なんだけど……」

名前は痛々しいが庶民の味方

カワハギ

二〇〇七年七月十二日

僕は〝カワハギ〟。その名の通り、皮を剝ぎ取るという痛々しい意味で、他にも、マルハゲ、ハゲ、カワムキとも呼ばれたり、散々なんだ。

「それはお気の毒ね。でも、煮付け、薄造り、鍋などファンは多いわよ。お気を落とさないで」

ありがとう。そう、僕には自慢もある。まずはあの高級食材のフグと同じ〝フグ目〟の仲間だってこと。

「へ～、だからおいしいのね。だったら、毒に気をつけないと……」

ご心配なく。僕は身だけでなく、有毒フグではご法度の肝臓も、無毒の上に脂肪豊富で濃厚な味だ。それに安いので庶民の味方でもある。

「それだったら、貴方のほうがおなかもお財布も安心ね。本格フグ料理は余裕がある時にしようかしら」

そうだね、それまでは僕でがまんして、ギャンブルでもうけた時に豪華にってこともいいかも……。

「だめだめ。確か貴方には、身ぐるみを剝がされることから、〝バクチコキ〟っていう別名もあったわね。堅実に生きたほうがいいわよ」

京都料理に欠かせぬ夏の味

ハモ

二〇〇七年七月十九日

そろそろ夏も本番。こう暑いと、さっぱりした料理が食べたいね。

「い～や、それやったら、このあたし〝ハモ〟はどうどすか」

え～っ、貴女はヘビのように長く、太さも腕ほどある。しかも、口は目の後ろまで裂け鋭い歯が並ぶなど、どう見ても〝さっぱり味〟より〝怖くてひんやり〟って感じですよ。

「ま～。あたしは白身で淡泊。骨は多いけど板はんが細かく骨切りしてくれはる。料理も湯引きに梅肉、照り焼き、皮を焼いてキュウリと二杯酢など、夏の祇園にぴったりえ」

でも、なぜ京都で有名になったのですか？　産地の瀬戸内海からはずいぶん遠いので、その昔は輸送だけでも大変だったんじゃ？

「ええトコに、気付かなはったなぁ。あたしは生命力が強おて、たらいのちょっとの海水でも生き続けるんえ。生魚を食べたい京の人はここに目をつけたん」

やはり、貴女は強靭なお方。ハモの語源が〝噛む〟からきているのもうなずけます。

大人気のかば焼きに危機迫る

ウナギ

二〇〇七年七月二六日

今月の土用の丑は30日。この日はこの私〝ウナギ〟が大人気です。

「そうなんだ。特にかば焼きは、したたる脂とタレの香りが何とも言えない。でも、関東と関西で少し調理法や味も違うらしいね」

おなかから開き、尾頭のまま焼くのが関西。背中から開いて尾頭を落とし、蒸してから焼くのが関東よ。

「僕は脂濃い関西が好き。蒸すと味も栄養分も薄くなる気がするし」

関東の方はさっぱり感と肉厚感を自慢される。どちらがうまいかは好みもあって両者譲らずってとこね。

「でも、そんなことで言い争っている場合じゃなさそうだよ。今、君に大変な危機が迫ってるんだから」

あら、どんな？

「日本沿岸に来遊する稚魚が激減し、輸入先のヨーロッパでは60％の漁獲削減が可決されたんだ」

日本では、03年に養殖研究所が、採卵からの稚魚生産に成功し、06年には東京大学が、グアム島近くで産卵地を見つけた。早く完全養殖を軌道にのせていただきたいわ。

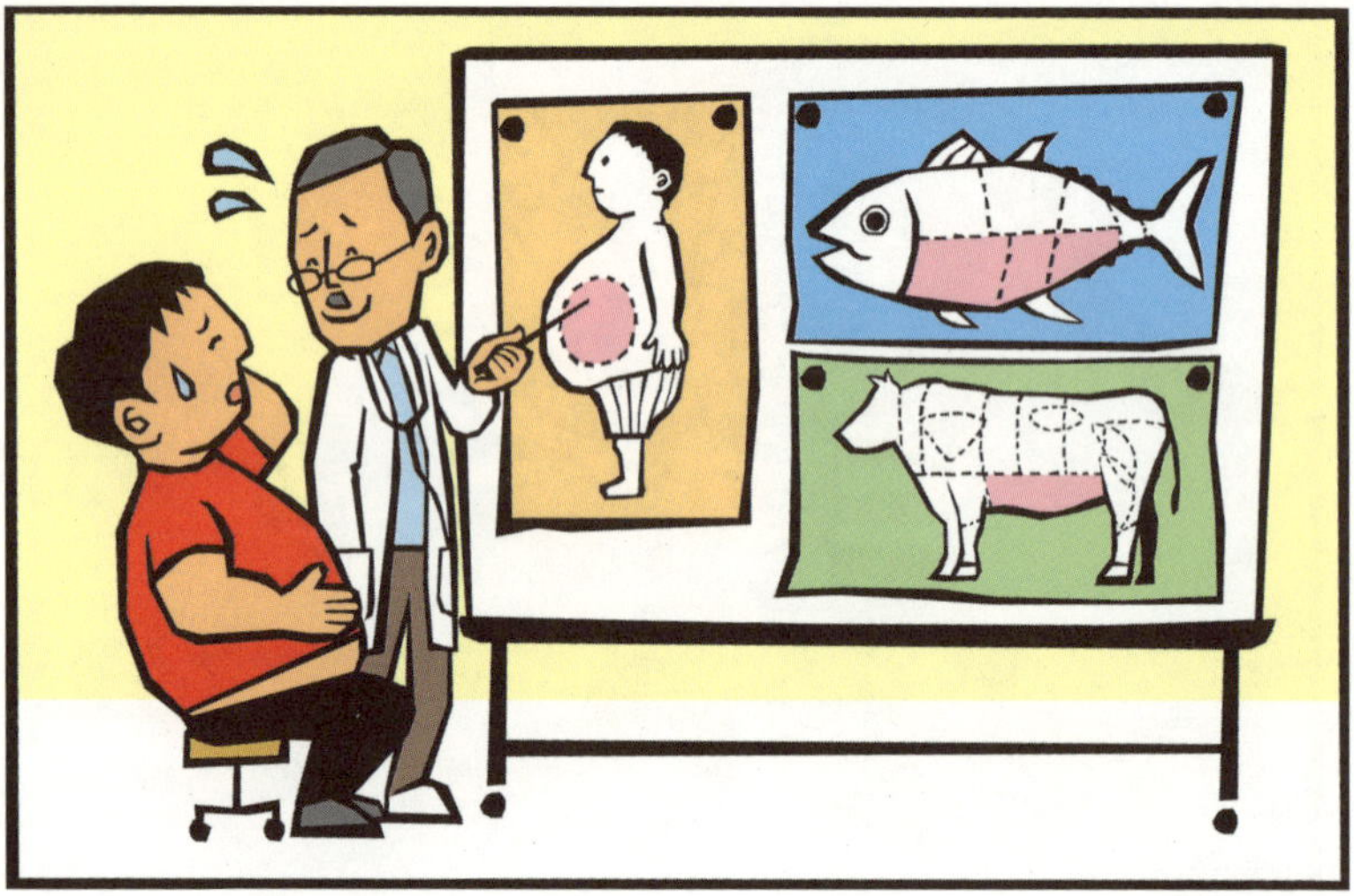

食べ過ぎてトロにならないで

クロマグロ

二〇〇七年八月二日

あなたは〝霜降り〟と聞けば、どんな食材を思いつきますか？

「それはもう〝牛肉〟に決まってるじゃん。白菜にもあるわ」

おいおいそれはないぜ。このオレ様〝クロマグロ〟のトロを忘れてもらっちゃ困る。うまさも値段も高級牛肉には負けてない。

「そうだったわ、ごめんなさい」

オレのおなかの身は脂肪がたっぷりで、中トロ、大トロに分けられる。中でも大トロは、体重の1～2割程度しかとれない。だから、すし屋で〝時価〟って書かれるんだ。

「お腹に脂肪が多いのは、まさかメタボリック症候群じゃ？」

いや、トロは筋肉中の脂肪だからヒト様で問題の内臓脂肪とは違う。

「でも、なぜ日本人はトロが好きなの？　食べ過ぎても大丈夫？」

近年、食生活が欧米化しているからだよ。魚食は健康にいいけど、大トロの脂質は20％もあり、カロリーも赤身部分の倍以上ある。おいしくても、量は控えたほうがいいよ。

「そのお値段では心配ないわ」

墨料理は不向きでも隠れ上手

マダコ

二〇〇七年八月九日

8月8日は、この私「タコの日」でしたが、召し上がりましたか？

「タコ焼、タコ飯、お刺し身など、いつもおいしくいただいている」

それは喜んでいただき感激です。

「でも君はイカと同じ頭足類で、たくさんの足に吸盤があることも似ているけど、タコ墨を使った料理って聞いたことがないね」

いい点に気がつきましたね。イカ墨には、うま味成分のアミノ酸や脂質、粘液質の多糖類などが豊富に含まれている。一方、私の墨は味が薄くてサラサラしている。だから料理には向かないんだ。

「なぜそんな違いがあるの」

実は、イカさんは粘液状の墨の塊を吐いて自分の分身を作り、敵の目をそちらに引き付けて逃げる。私の場合は、水中に煙幕のように広く吐いて身をかくしているのさ。

「へ～、成分が異なるのは、使い方が違うからなんて、びっくり」

ちなみに、私の墨は有毒と思っているヒトがいるけど、毒があるのは唾液なので勘違いしないでね。

塩ゆでや蒸しに人気の泳ぎ上手

ガザミ

二〇〇七年八月二三日

お盆も過ぎたけど、今年は、海水浴に行かれましたか？

「最近はプールばかりで……」

海は波で遊べて生き物の観察もできる。僕なんて一年中泳いでいる。

「見たところ、君はカニのようだけど、カニは横歩きって相場が決まっている。どうやって泳ぐの？」

僕は〝ガザミ〟。佐賀県太良町の「竹崎カニ」で有名さ。塩ゆで、蒸し、みそ汁などで堪能いただいてる。

「ひし型した甲羅のカニだね」

そう、もっと観察してくれると、左右の一番下の脚（第5脚）の先がボートのオールのように平たい。

「確カニ……。これで泳ぐんだ」

片方を左右に振って推進し、また、片方は舵の役目もするのさ。

「食べる時に、この脚だけ身が少ないからちょっと不満だったけど、そんな大事な理由なら納得だよ」

僕は英語で「Ｓｗｉｍｍｉｎｇ Ｃｒａｂ」と書く。別名、ワタリガニとも呼ばれるけど、これは〝海を渡る〟ことからきているんだ。

「カニも海水浴するんだね」

ずんぐりだけど刺し身は絶品

二〇〇七年八月三〇日

カンパチ

「あなたは、〝かんぱち〟と聞いたら何を連想しますか?」

〝環8〟なら、昨年5月に東京で開通した道路のことだけど……。

「も〜、魚の〝カンパチ〟だよ!漢字で〝間八〟って書くんだ!」

そんなにおこらなくても。でも、君は関東じゃあまりなじみないね。

「体形は、皆さんがよくご存じの〝ブリ〟に似ているんだけど、全体的にずんぐりして赤っぽい。だから〝アカハナ〟と言われることも」

で、なぜ〝間八〟なの?

「口先から両目を通る黒い線が、頭の上から見ると〝八の字〟になっているからなんだ」

ブリとの違いはそれくらい?

「まだあります! 僕は暖かい海が好きだけど、捕獲量は少ない。また、身が引き締まって脂ものり、歯応えもいいから刺し身で絶品! ブリよりずっと評判がいいんだ!」

それは大変、失礼しました。環状8号線の全線開通は、長年の悲願だったらしいけど、君を待ってる太公望も多いことだろうね。

庶民の味方はヘルシー度満点

マイワシ

二〇〇七年九月六日

僕はマイワシ。大量に捕れ安くてうまいので、庶民の味方として愛されている。だから、〝大衆魚〟って呼ばれるのはうれしい。仲間に、カタクチイワシやウルメイワシもいる。

「イワシは、煮る、焼く、揚げる、刺し身、干物、油漬け、すり身など、どんな料理にももってこいだね」

そうなんだ。ゴマメ(田作)、チリメンジャコ(シラス干し)、タタミイワシ、イリコ、さつま揚げも、みんな僕らの加工品さ。

「すごい! これほど日本人に愛されている魚はいないよ」

ちなみに、僕の名を英語、独語、仏語で書くと、どれにも〝日本〟を意味する文字が入っている。

「正に、外務大臣級の活躍だね」

でも、イワシの語源は、〝弱し〟や〝卑し〟からきているらしい。また昔は肥料にされ、「鰯の頭も信心から」なんて言葉もあって、軽んじられてきたのも事実なんだ。

「君は、カルシウムやタウリンも豊富なのでヘルシー度満点さ。そんなことはイワシておけばいいよ」

サメよりこわい仲間もいるよ

カマス

二〇〇七年九月十三日

僕は、塩焼きや干物でうまい〝カマス〟。漢字で〝梭魚〟と書く。木偏の魚は珍しく、僕以外には〝柊（ヒイラギ）〟がいるくらいだろう。

「へ～、魚なのに不思議だね」

この紡錘形の体が、機織の糸を通す〝梭〟に似ているかららしい。

「似たものと言えば、欧米の淡水域にすむ〝パイク〟も、別名〝カワカマス〟って言うよね。それに、海でとっても獰猛な〝オニカマス〟も君を大きくしたような魚だ」

うーん、ちょっと誤解もあるようだね。まず、パイクは日本にはすんでないし、僕と類縁もない。そもそも、北欧の文学書を日本語に訳すときに。パイクを〝梭魚〟としたことが勘違いの始まりなのようなんだ。

「でも、オニカマスは仲間だろ」

うん。彼は別名〝バラクーダ〟と言い、カマスの中では最大種。全長2《メートル》、とがった頭、大きな口、鋭い歯など凶暴なハンターのような魚だ。実はサメよりもこわいんだぜ。

「うわ～、君もそんな性格なの」

はったりカマスのも得意かもね。

高価だけどうまみはたっぷり

クルマエビ

二〇〇七年九月二〇日

あなたは〝伊勢派?〟、それとも、〝車派?〟ですか。

「おや、何かの派閥争いかい?」

いいえエビのことよ。日本人は世界で一番エビが好き。中でも、「姿のイセエビ、味のクルマエビ」と言われるくらいこの2種は代表格なの。

「僕は、豪華な見栄えより、味の良さでクルマエビ派かな」

あ〜ら、ありがとう。この私〝クルマエビ〟がお好きなのね。

「蒸す、焼く、煮る、揚げる、そして、刺し身やお寿司でもいける」

そうなのよ。私には、うま味成分であるアミノ酸のグリシンが、100グラム当たり1600ミリグラムもあって、エビ類では最高なの。

「君は、天然物でも養殖物でも味は変わらないし、この時期から冬にかけてさらにうまみが増してくる」

輸入される冷凍エビは、種類も量も豊富で安いけど、日本産の私は生きて流通するから希少で高価なの。

「そうか、輸入物は大衆食堂向きの〝庶民派〟で、君は高級料亭向きの〝グルメ派〟ってとこだね」

自慢の縁側はコラーゲン豊富

ヒラメ

二〇〇七年九月二七日

ヒラメと聞くと、みんなは〝左ヒラメの右カレイ〟って、この片側に寄った目の話題を出すけど、僕にはもっと自慢したいものがある。

「体を海底で横倒しにするので、目がすれないようにしたんだね」

ほら、目じゃなくてヒレとか、もっと中身のこととか見てよ……。

「そうそう、君の背ビレと尻ビレの付け根にある、硬いぷりぷりした筋肉は美味だよね～」

その通りさ。その肉は〝縁側〟と呼ばれ、食通はここを狙ってる。

「で、なぜおいしいの？」

白身魚の僕は、マグロなどの赤身魚とは違い持続力に欠ける。だけど瞬発力はある。いわゆる、マラソンが苦手な短距離ランナーなんだ。

「それと縁側が関係あるの？」

大ありさ。普段泳ぐ時は、背ビレと尻ビレを動かしているので、他の筋肉より引き締まっている。また、そこはコラーゲンが豊富なので、刺し身では硬く、熱を加えるとゼラチン状に変化してトロッとするんだ。

「みんなが〝注目〟するはずだ」

有名魚にした延岡に〝先見の明〟

アオメエソ

二〇〇七年十月四日

おおっ！　その青く鋭い眼光を放つ君は、一体誰？

「私は〝アオメエソ〟。別名の〝メヒカリ〟のほうがご存じかも。この目は、暗い海底で光を効率よく集めるため。名前の由来もこれにある」

知ってます！　最近、注目を浴びている深海魚で、干物やフライ、お刺し身でもうまいって聞きます。

「そんなに、私は有名かしら？」

平成13年10月に、福島県いわき市の魚に制定されたくらい。でも、その辺にすんでいるのですか？

「いいえ、福島県は分布の北限。日本なら宮崎、高知、千葉と太平洋沿岸の底引き網で漁獲されている」

昔はメジャーじゃなかったの？

「そんなことない。昭和58年の延岡市制50周年記念文化講演会に招かれた、映画評論家で郷土料理家の荻昌弘さんがこの私に出会い、絶賛されてから有名になったのよ」

だったらブームの火付け役だ。

「養殖の餌や捨てられていた時代もあったけど、拾う神もいるわ」

延岡は〝先見の明〟があったね。

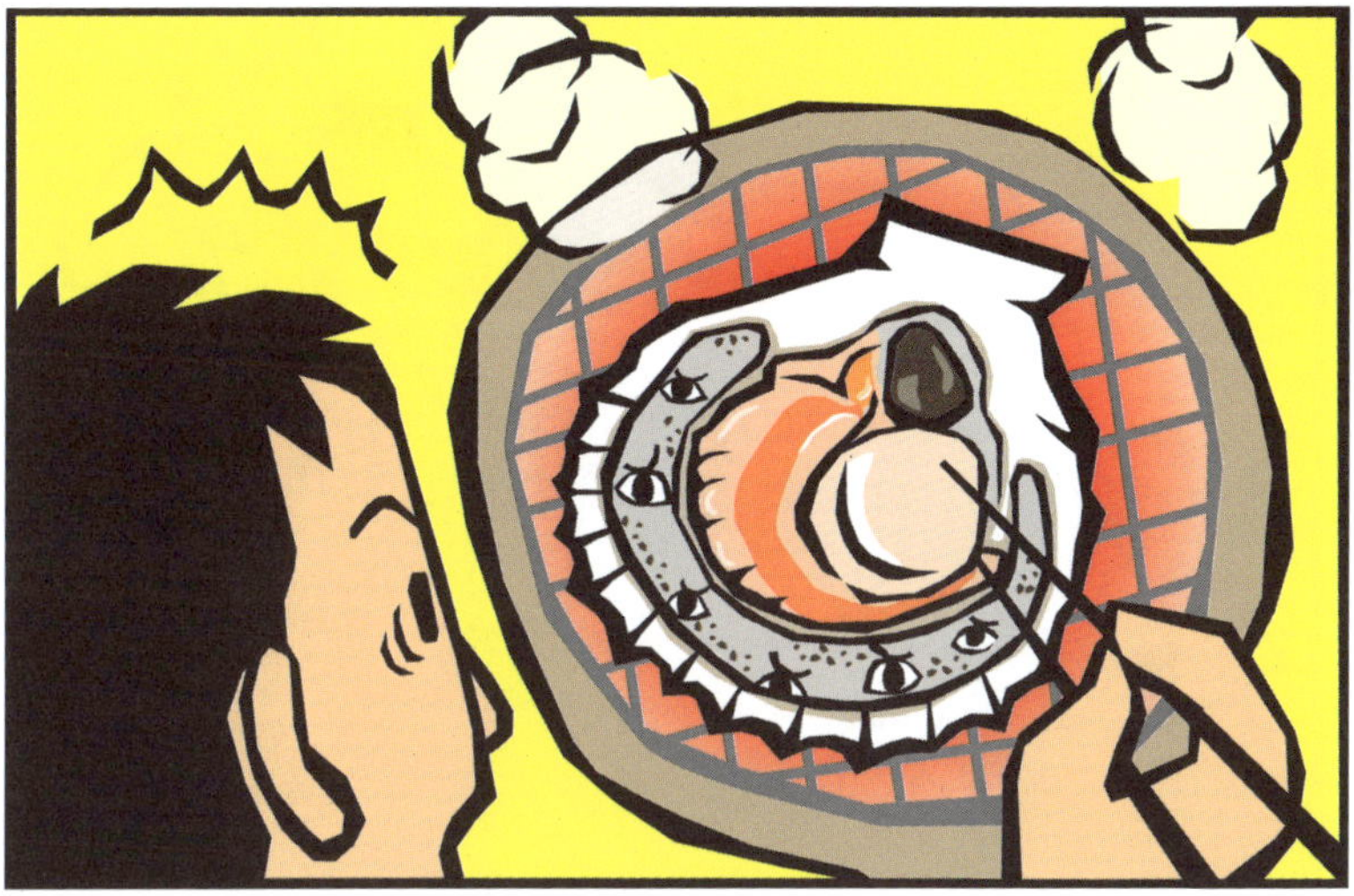

うまい「ヒモ」にらみの利く目

ホタテガイ

二〇〇七年十月十一日

オレは〝ホタテガイ〟だ。最近は養殖が主流だが、本来は、冷たい海の水深10～30メートルの砂底にすんでいる。つまり自活できる貝ってこと。

「知っていますよ。あなたの体の真ん中には、太い貝柱がド～ンと一つ鎮座していて、存在感あります」

それって、大黒柱っていう意味かな？　うれしいこと言うじゃん。

「食べても、刺し身、バター炒め、殻焼き、かき揚げなどなど、和洋中とどの料理でも重宝しています」

この貝柱は、貝殻をしっかり閉じる筋肉さ。またこれを使って、貝殻を激しく開閉させ、海水をジェット噴射しての泳ぎも得意だ。だから、体育会系の貝でもある。

「でも、私はあなたの隠されたもう一つの顔を知っています。〝ヒモ〟と呼ばれる外套膜の部分も意外においしいんですよね」

ドキッ！　なぜそれが顔と……。

「ヒモには小さな黒い点が並んでいるけど、それは〝目〟なんです」

なるほど。では、今後はこれでにらみを利かせてヒモ生活するか？

とぼけた長い顔でも肝は絶品

ウマヅラハギ

二〇〇七年十月十八日

ちょっと、そこの君～。何かのんびりというか、とぼけたというか、すっとんきょうというか、そんな面持ちが伝わってくるね。

「う～ん。褒められているのか、けなされているのか……」

いや、その馬のように長い顔に、愛着を感じたのさ。で、名前は？

「僕はウマヅラハギ。漢字では馬面剝と書くので、見たままが名前になったようなもので……」

でも料理じゃ、刺し身、煮付け、鍋、から揚げ、干物、それから、肝は絶品とファンも多いよ。

「でも昔は、親戚のカワハギ君の方が人気が高く、僕はいつも外道扱いさ。ちょっと性格がすさんでいるかも。気をつけてお付き合いを」

気をつけろと言ってもね……。

「実は、こっそりカワハギの代役というか、影武者をしている時もあるんだ。身も味も似ているからね」

その顔からは想像できないけど。

「馬面で悩ませるのは僕だけじゃない。今月21日は菊花賞レース。こっちでも大いに気をもんでね」

めでたいシンボル　実は巻貝

アワビ

二〇〇七年十月二五日

「しくしく……」

おや？　悲しいことがあったのかい。この僕、アワビに相談しない。

「実は失恋しちゃって……」

秋は物悲しい季節でもあるしね。

「貝の貴方に何が分かるの！」

お〜や、お言葉だね。僕には〝磯のアワビの片思い〟っていう言葉があるくらい、失恋経験が豊富なんだから、安心して任せてよ。

「でもそれって、貝殻が片方しかなく、もう一枚を恋しがっているように見えるからでしょ！」

よくご存じで……。実は僕は巻貝の仲間。殻を上からよく見ると、渦巻きの中心が見つかる。

「だったら、私の気持ちなんて分からないじゃない。ぷんぷん！」

そんなに言わないで。ほら、お祝いに使う〝熨斗〟は、僕の身を細く切って乾燥し、伸ばしたものが由来で、おめでたいシンボルなんだよ。

「そっか〜、貴方は蒸したり焼いたり、お刺し身にしてもおいしいだけでなく、縁起物でも重宝しているわけね。納得したわ、にこにこ！」

苦い部分は海藻のうまみ成分

サザエ

二〇〇七年十一月一日

私は磯の人気者〝サザエ〟よ。

「まるで、漫画の主人公みたいな自己紹介だね。あなたは全国区だから、よく存じ上げています」

あら、ありがとう。でも、どこまで知っているのかしら？

「そりゃもう壷焼きでおいしく、お刺し身でもコリコリ。くるくる巻いたしっぽのほうは苦ぁ〜い」

あら、それだけなの。私にはもっと秘密がたくさんあるのよ。

「どんな？　気になるね……」

まず殻の形だけど、荒磯用と内湾用の2タイプあるの。ほら、こんなにトゲがあるのは荒磯向きなの。

「トゲは何の役に立つの？」

波消しブロックのような効果で、転がり防止よ。それから殻の色だけど、これは、食べている海藻によって変わるのよ。そうそう、君がさっき言っていた苦い部分は〝中腸腺〟といい、海藻のうま味成分のグルタミン酸がたくさん蓄えられている。だから濃い緑色をしているの。

「へ〜、海藻を食べるんだ」

ワカメちゃんも大好きよ。

目を移動させるマジック見てね

ウシノシタ

二〇〇七年十一月八日

Ｈｉ！　僕はマジシャン〝ベロ〟で～す！　僕のことご存じですか？

「怪しげな手品師だね。〝セロ〟なら有名だけど、ベロは聞かない」

だったら、先に正体を明かそう。僕の本名は〝ウシノシタ〟。ベロはこの体形が舌のように見えるからで、靴底とかゾウリと呼ぶ地域もある。

「名前は分かった。で、どんなマジックを見せてくれるの？」

よくぞ聞いてくれた。実は僕の目は、稚魚期には体の左右両側にあるけど、体長1センチを超える頃に、右目が頭の中を突き抜けて移動し、最後は左目と一緒に並んじゃうのさ。

「え～！　それはサプライズだ」

種を言えば、まず背びれの前が象の鼻のように伸び、そこと額のわずかな隙間を眼が通過するのさ。だから、頭を貫通するわけじゃない。

「でもすごいよ。ところで、君は煮つけや塩焼き、フランス料理のムニエルでも有名だよね」

Ｈｉ！　セロさんもお母さんはフランス人とか。やはり僕らはどこか似ているかもね。

どんな生きものか当ててみて

ホヤ

二〇〇七年十一月十五日

私は「ホヤ」。居酒屋では酢の物や塩辛で登場する。でも、海中での姿をご覧になった方は少ない。ほら、この赤黒いごつごつした塊が私よ。

「げぇ〜！　何とグロテスクな形を……。味もやや苦味があって敬遠するヒトもいるけど、僕は好き」

あら、ありがとう。だったら、脊椎動物のあなたに質問よ。この私がどんな生きものかご存じかしら？

「ナマコと同じ棘皮動物？　イソギンチャクなら刺胞動物だし、貝となると軟体動物……。それとも海藻か植物かな？　う〜ん難しい」

たくさん出たけど、どれも外れ。

「だったら脊椎動物でどうだ！」

あら、最後はやけくそね。でも、かなり正解に近いのよ。

「え〜！　どこがそうなんだい？」

私は〝脊索動物〟といい、幼生の頃はオタマジャクシのような体で泳ぎ、脊椎に似た神経組織もある。

「まるで、僕らのご先祖様じゃないですか。おみそれしました」

じゃあ、感謝して召し上がって。ヒトもホヤも見かけに寄らないわ。

〝バリうまい〟けどトゲに注意

アイゴ

二〇〇七年十一月二二日

では出席をとります。1番、アイゴくん。2番、アイナメくん……。

「は～い、アイゴ、います!」

ではさっそくこの問題は、1番のアイゴくんに解いてもらおう……。

「先生、なぜいつも僕が一番に呼ばれるんですか? 不公平だよ～」

名簿は五十音順で、君がトップだからついつい……。いやかね?

「確かに図鑑の索引でも、メジャーな魚の中では最初に出てくる。でも、まだ自慢したいものがある」

ほ～何が? 成績はあまり……。

「いや、背ビレ、腹ビレ、尻ビレの硬いトゲには毒があり、刺されると激痛が走るから要注意なんだ」

おお、それはやんちゃだね。よ～く、指導監督せねば……。

「いや、そんな目で見ないでほしいな。僕は結構うまいんだけど」

そういえば四国では「皿ねぶり」と呼ぶほどうまいと聞いたことがある。でも九州では、磯臭いことからおしっこを意味する〝バリ〟とも言うらしいじゃないか。まだまだ、お前は〝しょんべん小僧〟だな。

凶暴な戦闘ロボットに〝変身〟

シャコ

二〇〇七年十一月二九日

俺は別名〝ガレージ〟と呼ばれる甲殻類だが、正体が分かるかな？

「それって、英語で〝Garage〟と書く〝車庫〟のことだよね。だったら、車の形をしたエビ・カニの仲間ってことかな？ そういえば今年の夏に、自動車が戦闘ロボットに変身する映画がはやっていたね……」

ちょっと発想が飛躍しすぎだけど、一部は当たっているな。

「気をもたせる説明だね……」

本名を明かすと〝シャコ〟だ。〝そのまんまじゃん〟ってか、そこは許してくれ。もうひとつの〝変身〟が大事なんだ。この鎧を着たような頑丈な体、全身の鋭いトゲ、目は大きく突出して辺りを察知し、大きな草刈鎌のような脚でエサを一撃だ。

「まるでカマキリみたいだ」

いい例えだよ。俺は砂泥の海底にU字型の巣穴を作って潜み、通りかかったエビ・カニ・魚を急襲する。

「本当に戦闘ロボットだね」

でもこの名の由来は、ゆでた身が紫色のシャクナゲに似ているからららしい。奥ゆかしさもあるんだけど。

美形が自慢でも甘くみないで

アマダイ

二〇〇七年十二月六日

おれはかなりの食通だ。ちょっとやそっとの魚料理じゃ驚かないぜ。

「何だか、気難しそうなヒトね」

生意気な口を利くお前は誰ダイ？

「私はアマダイ。漢字で〝甘鯛〟と書くの。その由来は、甘みのある白身をしているからよ」

一丁前にタイの名前をもらったようだが、お前は、マダイとは縁がない。あやかっちゃ駄目だぜ。

「あら、名前はヒト様が勝手につけたんでしょ。でも私は味だけでなく、この桜色の美形も自慢なのよ」

確かにお前は、みそづけ、干物、塩焼きなどどの料理でもうまいが、甘やかしちゃ図に乗るからな……。

「私のすごさを認めたくないみたいね。ではとっておきのパンチ！」

おお、どこからでも来やがれ。

「実は私は、砂地の海底にすり鉢状の巣穴を作り中に潜んでいるの。そして、通りかかった小魚やエビ、カニに飛びついて一撃しちゃう」

うわ〜！　おっかねぇ〜。

「そうそう、私のことを甘く見ちゃだめよ。分かった！」

仲間は〝大衆〟魚 僕は〝高価〟魚

二〇〇七年十二月十三日

シマアジ

皆さんは大衆魚って知ってる?

「大量に獲れ、安く、その上おいしい、庶民の味方の魚だよね」

そうそう、アジ、イワシ、サバ、サンマなどはその代表選手さ。

「見たところ君はアジっぽいね」

その通り。僕はシマアジ。尾ビレの付け根に、アジ科の特徴であるトゲ状のウロコが並んでいるでしょ。

「てことは、君も大衆魚?」

残念ながらそうじゃない。僕は成長すると全長約1メートル、体重15キロほどになる大型のアジなんだ。値段も天然物だと高い時は1キロが1万円近くまで跳ね上がる。

「へ～! だから回転すし屋さんでは見かけないんだ」

近年は、産卵させて稚魚から育成する完全養殖もできるようになり、価格もやや安くはなったけど……。

「でも、まだまだ君は高級魚」

僕はその〝高級〟って言葉は好きじゃない。確かに身はぷりぷりして極上なんだけど、大衆魚は低級魚じゃないんだから逆に失礼だよ。

「じゃあ高価魚って呼ぼうか?」

体内で卵を育てて出産するの

ウミタナゴ

二〇〇七年十二月二〇日

私、折り入ってお知らせが……。

「おや、何か深刻なことかい?」

実は私、お腹に赤ちゃんが……。

「魚の君が妊娠! 父親は誰!」

そんなに興奮しないで、心を沈めて聞いてちょうだい。まず、私の名前は〝ウミタナゴ〟って言うの。

「川でなく海のタナゴなんだな。川のタナゴは、二枚貝に卵を産んで守ってもらうそうじゃないか」

あらよくご存じね。でも私は川のタナゴさんとは別の仲間なの。

「でも同じタナゴの名前が……」

タナゴは漢字で〝店子〟のこと。川では貝に子どもが借家し、海でも私の体に半年ほどいるからよ。

「君は交尾をする魚なの?」

オスは、初秋に尻ビレが変化した突起物で精子を送り込んでくれる。私は3ヶ月後に受精させ、輸卵管の中で栄養も与えながら育て、夏には10から20匹ほどを出産する。

「まるで哺乳動物だね」

東北では安産祈願で食べるけど、逆子で産むから嫌う地域もある。煮つけでとってもおいしいのにね。

呼び名いろいろ　白身の味も自慢

カサゴ

二〇〇八年十二月二七日

君は色が地味で、でかい頭はトゲトゲしく、身も少なそうだね。

「そんなにあら探ししないで。こう見えても自慢がいっぱいよ」

え～、どこがそうなんだい？

「まずは名前の豊富さね。正式にはカサゴだけど、九州ではアラカブとかホゴで有名。それ以外にも、ガシラ、ボッコ、アカメバル、カガネ、ちょっと不名誉だけどカオアラワズなんていう地方も……。驚いた？」

全国の磯にすんでいるから、いろんな呼び名がついたんだね。で、お味のほうはどうなんだい？

「ぷりぷりの白身だから、煮つけや唐揚げだけでなく、みそ汁ではうまいだしも出て、も～最高よ！」

ほ～っ！　他にはあるかね？

「私は数少ない卵胎生魚。つまり子どもを産むの。すごいでしょ！」

おやおや、ずいぶん自信家だね。こんなことわざ知ってる？　〝磯のカサゴは口ばかり〟これは大口たたいて実体が伴わないことだけど。

「失礼な！　この大口で一飲みにしちゃうから〝カクゴ〟して」

今年の干支は子　僕の古名も〝コ〟

ナマコ

二〇〇八年一月一〇日

明けましておめでとうございます。今年の干支は〝子〟なので、この私が代表してご挨拶を……。

「君はどう見てもナマコじゃん。チュウチュウとでも鳴くのかい」

おや、僕を漢字で〝海鼠〟と書くのを知らないの？　この色や体形、夜になると出てきて海底をはう様子がネズミを連想させたからだよ。

「しかし、君を初めて食べた人も勇気があるけど、さらに、内臓を塩辛にまでして、腸はコノワタ、卵巣をコノコと呼んでる。ところで、本名もナマコだし〝コ〟が多いね」

これも、僕の古名が〝コ〟だったからなんだ。

「ずいぶん古風なお方なんですね。で、君の数え方も〝個〟なの？」

どうも、イカやタコと同じように、一杯二杯と数えるようだよ。

「ひょっとして、〝ちゅうちゅうタコかいな〟っていう数え方も君と関係あるのかい？」

いや、それは江戸時代のすごろく用語。そこまでネズミにこだわってはいないけどね。

水族館の人気者は漁師も好物

マンボウ

二〇〇八年一月十七日

今からクイズを出すので、僕の正体をあててみて。

「よし、高い確率であててやろう」

名前はかなり有名。魚屋さんには並ばないけど、水族館では人気者。

「それって、まずくて食用にしないってことかい?」

いや、たくさん獲れない上に、あまりにもの珍味なので、漁師さんが市場に出す前に自分で食べちゃう。

「一体、どんな料理で?」

身は淡泊なのでイカに似た歯応えがあり、刺し身や酢みそで食べる。胃や腸は塩焼きにする。

「う~ん、雲をつかむような話しだね……。もっとヒントを」

だったら、僕は成長すると全長3メートル、体重は3トンを超える。

「うぁ~そんな巨大魚なの!」

体の後ろ半分がなくなったような形で、分類上はフグの仲間。

「だんだん、もやが晴れてきた」

海面にぷかぷか浮いてることも。

「分かった! マンボウだね」

そう当たり! 天気予報のキャラクターと間違えないようにね。

〝フカヒレ〟おいしいエイの仲間

サカタザメ

二〇〇八年一月二四日

「中華料理の高級食材といえば、まずは、熊の手、ツバメの巣、そしてフカヒレだよね」

そうなんです。まずはこの私を召し上がってみてください。

「おおっ！　コリコリとした食感、たんぱくで繊細なお味で、まさに君の正体は〝フカヒレ〟のサメだね」

むふふ……。まんまと……。

「その怪しげな笑いは何？」

実は私の名前はサカタザメ。

「だったら、サメの仲間じゃん」

名前はサメだけどエイの仲間。でもフカヒレでは最高級品なんだ。

「え〜、ややこしいね」

確かに普通のエイのように平たくなく、鼻先はとがり各ヒレもサメっぽい。しかし、唯一、エイの仲間の証拠がある。さてどこでしょう？

「でもそんなの、分かんねぇ〜」

エイとサメの決定的な違いは、5列ほどのエラ穴の場所にあるんだ。ほら、僕は体の下にあるからエイ。サメは横に開いているでしょ。

「君は、サメとエイの〝ちゅうかん〟に位置しているみたいだね」

旧正月は珍味〝カズノコ〟食べて

二〇〇八年一月三十一日

ホシザメ

1月もあっと言う間で、お正月なんてあったのかしらって感じ。

「本当だね。僕なんて、おせちのカズノコも食べないままだった」

あら、だったらこの私〝ホシザメ〟を召し上がってはいかがかしら。

「え〜!　カズノコはその昔、黄色いダイヤとも言われて珍重されたニシンの卵で、君みたいな貧相なサメには縁遠いんじゃない?」

ま〜失礼ね。確かに色は地味だし体も痩せ細り気味。星の名がついていてもスター的な存在だからではなく、体に白点が並んでいるだけ。

「ほら、大したことないじゃん」

最後まで話しを聞いてよ。私は厳冬のこの時期に、福岡県の北部沿岸で〝ノウサバ〟と呼ばれる開きの干物になり、またそれを醤油ダレに漬け込んだものを〝鐘崎カズノコ〟と言い、この地域だけの珍味なの。

「で、どこがカズノコなの?」

ああ、それが疑問なのね。干した私を短冊に切り、さっきのタレに漬けるとそっくりの歯応えになる。

「旧正月には間に合うかな?」

おいしさに座布団何枚もらえる

アカエイ

二〇〇八年二月七日

おや？　この四角い座布団にヒモがついたような物は何だろう。ちょっと座ってみようかな？

「危ない！　ちょっと待って！」

わっ、座布団がしゃべった！　それに、一体どこが危険なんだい？

「も～っ、私は〝アカエイ〟。れっきとした魚よ。このヒモみたいなものは尾で、その付け根の上部には鋭くて強い毒とげがあるんだから」

それはびっくり。でも、魚だったら、ヒレ、エラ、ウロコがあるはず。

「周囲のひらひらと動く部分は胸ビレと腹ビレだし、さっきの毒トゲは尻ビレの一部なの。エラは体の下に5列のエラ穴が開き、皮ふには微細なウロコもあるんだから」

分かった、分かった。でも、食ってもうまいの？　エイの仲間はサメと同じ軟骨魚で、鮮度が落ちるとアンモニアくさいらしいじゃん。

「も～焦点ずれてる。湯引き、煮付け、干物、煮こごり何でもあり」

そう言えば、〝エイヒレ〟って聞くけど、あれって君のことだったんだね。おいしさに〝座布団3枚〟だ。

はやりの〝黒〟にあやかりたい

アカムツ

二〇〇八年二月十四日

僕はアカムツ。でも、別名の〝ノドグロ〟のほうが有名だ。新潟や石川、鳥取など、日本海沿岸の冬の味覚としても知られている。

「確かに、料理屋ではそっちで紹介されているし、うまいんだよね」

脂がのった白身は甘みもあって、煮つけ、刺し身、焼きものなど、何で食べても美味しいんだ。

「で、なぜ〝ノドグロ〟なの？」

簡単さ、口の中が黒いからだよ。

「安易な理由だね……」

でも値段は高いんだぜ。そういえばこの頃、牛、豚、焼酎、お酢、お茶など、いろんな食品に黒の文字がついて高級感や高品質を表現しているけど、僕もあやかろうかな～。

「おいおい、それこそ安易だよ」

でも、黒砂糖とか黒豆、黒あんとかは、そんな策略はないんだから。

「も～結構しつこいね。君の体は赤く黄金色にも輝いてきれいだけど、すんでいる場所は水深150メートル前後の暗い海だし、そんなに欲の皮がつっぱってるところをみると、実は案外〝腹黒い〟んだね」

エサの〝味見〟は立派なヒゲで

ヒメジ

二〇〇八年二月二一日

おお、うまそうな料理があるね。ちょっとつまみ食いしようかな？

「こらっ！　指で突付いてお行儀悪い。味見はヒゲでしなさい！」

わっ！　ごめんなさい。このフランス料理っぽい赤色のお魚が食欲をそそったもんだから。何ていう名前の魚？　それに〝ヒゲで味を見る〟ってどんなこと？

「いろいろと驚かせてすまん。まず、ワシの名前は〝ヒメジ〟。西日本では、塩焼きや天ぷら、南蛮漬けなどで食卓に登るようじゃ。地中海方面でもよく食材で使われ、イタリア料理、フランス料理じゃ定番だ」

へ～っ、一見、海の鯉みたいな形してるけど、そんなにすごいんだ。

「いい観察眼してるじゃないか。ワシの口元には鯉のようなヒゲがあるじゃろ。実はそれを使って、海底のエサを探すんじゃ。いわゆる舌みたいなもんだ。ワシの仲間には〝オジサン〟という名前の魚もいるが、これも立派なヒゲがあるからだ」

だから〝ヒゲで味見〟って言ったんだね。シェフもビックリだよ。

冬の風物詩で有名　本当は海水魚

ワカサギ

二〇〇八年二月二八日

立春はとっくに過ぎたのに、なかなか暖かくならないね。

「やっぱり、3月20日の〝春分の日〟までは冬って感じかな」

だったら、この僕と一緒に、氷の張った湖で楽しまないかい？

「え～っ！　この極寒の中でなぜわざわざ氷上に！　君とアイススケートでもするのかい？」

いいや、山中湖や諏訪湖などで冬の風物詩になっている、ほら、氷に穴を開けてそこからの釣りが有名だ。

「お～、そういえば君は〝ワカサギ〟じゃないか。から揚げや天ぷらで最高だ。刺し身でもいけるよ」

やっとお気づきで。ところで、僕を淡水魚と思っている人が多いけど、分類上はあのアユやシシャモと同じ仲間なんだ。産卵の時だけ川を上る海水魚さ。その昔、全国の湖に移植され、今ではそこで一生をすごせるようになった。

「う～ん、ややこしいね。一体どっちか考えると頭が熱くなる」

おや、頭の中はもう春？　温暖化が早いと氷がとけちゃうよ。

島根も産地　小さいけれど栄養豊富

二〇〇八年三月六日

シジミ

君は見たところ二枚貝のようだけど……。ずいぶん小粒だね。

「僕は〝シジミ〟。確かに、皆さんが良く召し上がる、アサリやハマグリに比べたら小さいけど」

そういえば、名前の由来は〝縮み〟から来ていると聞いたこともある。また料理もみそ汁ぐらいしか思いつかないし、いちいち小さな身を取り出すのも面倒だよね。

「最初からひどい言われ方だね。小さくとも自慢はたくさんある」

ほ〜っ、じゃあ拝聴するか。

「まず僕は、青森や島根の汽水湖にもいて、琵琶湖も産地。淡水の貝では最も大量に流通している」

それよりも、栄養豊富で体に効能ありとか、何かいい話はないの？

「待ってました。僕には必須アミノ酸、タウリン、グリコーゲン、鉄分、ビタミンB_{12}などが多く、昔から肝臓の病にも効くと評判さ」

おお、とってもサプリメントじゃん。酔っ払いにもありがたいね。

「僕は漢字で〝蜆〟と書く。ほら、〝見〟直しただろ」

シロウオとともに春告げる魚

シラウオ

二〇〇八年三月十三日

5日は〝啓蟄〟といい、冬眠中の生きものが出てくる日だったね。

「あら、この私も春を告げる魚として有名。そろそろ出番かしら」

その透き通るような、華麗でか細い体のあなたは〝シラウオ〟さん！

「そう、〝きれいな指〟にも例えられる私は、江戸の昔から卵とじ、椀種、かき揚げでも愛好されてきた」

お江戸といえば、関東では霞ヶ浦やかつては隅田川でもとれたとか。

「あらよくご存じで。私は東日本ではよく流通しているけど、西日本でも島根県の宍道湖に産するし、九州の有明海には同じ仲間の〝アリアケヒメシラウオ〟、〝アリアケシラウオ〟という絶滅危惧種もいる」

へ〜、西日本ではこの季節は〝シロウオ〟が知られているけど、あなたとの関係はどうなっているの？

「シロウオさんはハゼの仲間で漢字では〝素魚〟。私は、サケの仲間で〝白魚〟と書く。ぜんぜん違う魚」

でも、お互いこの季節には話題になるね。20日は春分の日だし、ペアで春を愛でるとするか。

禁漁期で産地と　しばしのお別れ

ズワイガニ

二〇〇八年三月二七日

島根、鳥取、京都、福井と、日本海側で有名なカニと言えば何？

「おお、いきなりクイズかい。そんなの簡単だよ。まずは、ズワイガニ、マツバガニ、それからエチゼンガニっていうのもいるかな……」

おいおい、今の3種類はみんな同じ種類だよ。地方によって呼び名が違うだけ。ところで、僕の正式名は〝ズワイガニ〟。蒸したり焼いたり、鍋やすしなど、何でもうまい。

「そうそう、君は日本海を代表する水産物だ。でも、もうそろそろ禁漁じゃなかった？」

そうなんです。毎年、日本海ズワイガニ特別委員会で漁期や漁獲量が自主規制されている。今年度は、オスが3月20日で終わりだった。

「鳥取では〝若松葉〟と呼ぶ種類もいるけど、これは別種なの？」

味や生息場所、大きさに違いがあるので区別している人もいるけど、脱皮間もないオスのことのようだ。若松葉の漁は3月15日まで。産地の皆さんとはしばらくのお別れです。またお会いしましょうね。

地震予知にも〝自信〟あります

二〇〇八年四月三日

ナマズ

おや、そのほのぼの顔と、のらりくらりの身のこなしの君は誰？

「水もぬるんできたしさ～、そろそろ出番かな～って。そうそう、僕って〝ナマズ〟なのよね～」

しゃきっとしない話し方だな。そういえば君には、〝ヒョウタンナマズ〟という言葉があるほどだから、つかみ所がなく要領を得ない魚？

「確かに、体にはうろこがなくてぬめるし、夜行性で暗がりが好き。長い4本のヒゲはなまめかしく動くし、そう言われてもしかたない」

で、食用になるの？　料理屋さんのお品書きには見ないような……。

「そんなことはない。蒲焼き、フライ、煮物、何でもあり。京都には専門料理屋もあり、淡泊な白身は有名なんだ。その昔、カマボコと言えば僕を使っていた頃もある」

おやおや、ずいぶん自信たっぷりだね。おみそれしました。

「〝じしん〟と言えば、僕は地震の元凶にされた時もあったけど、今は地震予知にも一役買っている」

見かけに寄らぬご活躍で……。

おなら・ザル・柳川といえば僕

ドジョウ

二〇〇八年四月一〇日

次の３つから思いつく魚は何?

①おなら、②ザル、③柳川。

「う〜ん、どれも魚とは関係なさそうだけどな〜。降参!」

正解はこの僕〝ドジョウ〟さ。

「なぜ、それが君と関係あるの?」

まず〝おなら〟だけど。僕は腸で呼吸ができるんだ。普段は水底の泥の中にいて、時折、水面まで上がり空気を口からのみ込み、腸の毛細血管で酸素を取り込んでいる。そして肛門から放出する。

「へ〜、それが〝おなら〟だね」

しゃれてないで。次のザルは〝ドジョウすくい〟だよ。僕の体表には粘液細胞があるからヌルヌルする。

「だから、あのつかみにくそうな身振りの楽しい踊りになったんだ」

そして最後の〝柳川〟だけど。それは調理の柳川鍋のこと。

「柳川ならウナギかと思ったよ」

由来は江戸時代の料理店の屋号、店主が柳川出身、土鍋が柳川産など諸説あってはっきりしていない。

「肝心の魚は、韓国や中国の輸入が増え柳川からも遠くなった……」

釘煮で有名　心配な海底の砂採取

イカナゴ

二〇〇八年四月十七日

私の名前は、漢字で〝玉筋魚〟と書くんだけど、さて何て読むのか、どんな魚かご存じかしら?

「う〜ん、体は見たところ小さくてか細いし……〝如何なる魚の子どもかな?〟っていう感じだね」

あら!　ほぼ正解に近いわ。

「え〜!　まだ答えてないけど」

いいえ、あなたが疑問に感じたその言葉が、私の〝イカナゴ〟という名前の由来。それからこの漢字は、玉虫色に輝く私の、群れを成して泳ぐ様からつけられたらしいの。

「へ〜、見かけによらないね」

それだけじゃない。私の釘煮は兵庫県の名産として超有名。なんと、宅配専用の輸送パックや伝票まであるほど地域に愛されているのよ。

「それ以外にどんな料理が?」

漁場で釜揚げして干したり、塩焼きや揚げ物にもなる。かつての食糧難時代には重要な食材だった。

「いや、おみそれしました」

それより心配なのは、砂採取ですみ家の海底が荒らされていること。鉄筋だけで建物はできないけどね。

凶暴な鼻先　でも刺し身は絶品

マカジキ

二〇〇八年四月二一四日

オレ様は〝マカジキ〟。カジキ類の中では極上物さ。だから、一般家庭よりは高級料亭がオレの島だぜ。

「カジキマグロって聞くけど、あのマグロ兄貴と同じ種類なの？」

おっと、勘違いしちゃいけねぇ。マグロはサバ科、オレはマカジキ科で別の仲間だ。ほら、外観もマグロはずんぐり砲弾型だが、オレは頭がとがってスラッとしてるだろ。

「かなり突っ張ってる感じだね。でも、なぜマグロの呼び名が？」

たぶん、この肉質の感触や赤身の色合いなどが似ているからだろう。だがな、刺し身は超絶品でへたなマグロよりはずっと貴重なんだぜ。

「これまで、マグロの代理かと思ってきたけど、失礼しました」

確かに、同じ仲間のメカジキは、身が柔らかいのでみそ漬けや照り焼き、煮付けにも使われるけどな。

「ところで、そのとがった鼻先は何に使うの？　まさか武器じゃ？」

漢字で〝舵木〟と書くのは、鼻先で船底を貫くほど凶暴だからだ。

「え〜、まさか極道者じゃ？」

〝歩く〟の得意な有明海の人気者
ムツゴロウ

二〇〇八年五月一日

僕は〝ムツゴロウ〟で〜す。

「おお、あの著名な動物王国のお方ですか……?」

ちょっとちょっと、それはない。ムツゴロウと言えば佐賀県の有明海で有名でしょうが〜。

「いやごめんなさい。そうですよね。あの広大な泥干潟の上をはい回り、蒲焼でもおいしいですよね」

うむうむ、分かればよろしい。

「でも、それ以上は知らない」

重ね重ね頭にくるね。じゃあ、もっと紹介するから何でも聞いて。

「そうだね、君は魚なのになぜ、泥の上にいても平気なの?」

いい質問だ。僕は皮膚呼吸ができるので、体が湿っていれば大丈夫なんだ。胸びれを脚のように動かして干潟の上を〝歩く〟のも得意さ。

「最近は干潟の環境が心配だね」

佐賀県では六角川河口を保護区にし、5月は採捕が全面禁止なんだ。

「だったら、佐賀の県魚に指定されてもいいくらいなのにね〜」

カササギは県鳥なんだけど。動物王国のあの方に運動してもらうか。

あなたが食べているのは〝足〟

トリガイ

二〇〇八年五月八日

私はトリガイ。干物や酢の物、すしネタにも使われるから、結構、召し上がった方は多いはずだわ。

「確かに、あなたの三角形をした黒紫色の身にはよく出会うけど、貝殻に入った姿はあまり見ないね」

そうですね、皆さんの食卓に上がる時はすでに可食部だけの姿だから、そう言われてもしかたない。

「で、巻貝なの二枚貝なの？ それに、どこを食べているのか？」

たくさんの疑問を感じているようね。実は私は二枚貝。殻の表面はアカガイに似ているけど、別のザルガイ科の仲間。召し上がっている部分は足。これで安心されたかしら。

「ところで、名前の由来は？」

も～まだ聞きたいわけ？ 私の味が鶏肉っぽいとか、足がくちばしみたいだからとか言われている。

「足以外はなぜ食べないの」

〝もったいない〟ってですか？ 私は砂泥の海底にすむので、中に砂が多く食用にされないの。

「鳥の〝砂ずり〟はうまいのに、君はそこまでできなかった？」

自慢は人形のような大きな目

メバル

二〇〇八年五月十五日

ちょっと君。好きなタイプは？

「やっぱ、目がぱっちりと色白で、小さい口元愛らしい～かな？」

何だか、昔聞いた童謡みたいね。で、結局は〝面食い〟ってこと？

「いや、内面も大事だけど……」

だったら私はどう？　まずは、この大きな目が自慢なんだから。

「確かに。で、お名前は？」

私はメバル。その由来は〝目張る〟から。地方じゃハットメとかハツメなんて呼ばれることもある。

「よほど、そのつぶらな瞳が印象的だったんだろうね。じゃあ、気になる中身のほうはどうなの？」

もちろん、煮つけや照り焼きで抜群よ。お味も保証つきだから。

「でも、性格が一番大事だし」

いやに慎重ね。私はおっとり者だから凪の海が好き。でも、こんな天候の時はふらふらと磯から出て行って、簡単に釣られてしまうの。

「すぐにナンパされちゃうの？」

う～ん、そうかも……。

「僕は身が堅いほうが好きだな」

清らかなよい人形でいます。

寿命は30年以上　北寄貝でご存じ

ウバガイ

二〇〇八年五月二三日

ヒト様の世界では「後期高齢者医療制度」の導入などで、お年寄りの生活が大変なようね。

「同情してくれるあなたは誰？」

私は〝ウバガイ〟。漢字で〝姥貝〟と書くの。でもこれって、老婆の貝の意味よね。失礼しちゃうわ。

「なぜそんな名前に……？」

外観が大きく色彩にもちょっと年季が入っているからかしら。確かに成長まで3年を要し、寿命も30年以上と言われている。アサリやハマグリの寿命が7〜8年だから、やっぱり私は〝高齢貝〟かしら。

「でも、足は鮮やかな紅色で、貝柱もしっかり太い。メニューも、刺し身、酢の物、バター焼き、煮つけなど豊富でうまいから、小粒な若者なんかには負けてない」

うれしいこと言ってくれるわね。

「それにあなたは、別名の〝ホッキガイ〟のほうが有名ですよ」

そうそう、漢字では〝北寄貝〟。これは冷たい北風に吹き寄せられるからという説もある。

「生ガイ現役っていう感じだね」

城下ガレイで有名　将軍へも献上

マコガレイ

二〇〇八年五月二九日

さて君、〝まこ〟と言えば？

「まこ、甘えてばかりで～♪」

古いネタね。でなくて真子よ。

「だったら、石野真子！」

もう～歳が分かるわ。魚よ魚！

「最初からそう言ってよ。真子の名がある魚とは〝マコガレイ〟だ」

ふ～、ようやく出たわね。私はカレイの仲間で、真子とは卵の意味。

「それで、どんな卵を産むの？」

いい質問ね。普通のカレイの卵は海を漂うんだけど、私の卵は粘着性の塊で、海底の砂に付着する。

「そういえば、初めて君の産卵を観察したのは、大分県日出町の研究家らしいね。それに、日出町と言えば、君の別名でもある〝城下ガレイ〟が有名じゃないですか」

あら、よくご存じね。この町の暘谷城というお城の前の海底から湧き水が出ている。そのお陰でおいしく育ち、薄造り、煮付け、塩焼きなど、どんな料理でも最高なのよ。

「何でも幕末時代には、将軍様に毎年献上されていたらしいね」

これまた古い話をご存じで……。

遅ればせながら今が〝恋の季節〟

コイ

二〇〇八年六月五日

僕は〝コイ〟。五月の大空を元気に泳ぐこいのぼりでもおなじみだ。

「なぜ、端午の節句に君が?」

江戸時代に、武家の子弟の立身出世を願い飾ったのが始まりらしい。

「滝を登る君の絵もよく見かけるけど、跳躍力がすごいんだね」

いや実際は登ることは無理。中国の登竜門の言い伝えから、竜への変身を願ったんだろうね。

「君は縁起物の上に、紅白や大正三色、昭和三色など、美しい観賞魚として錦ゴイのファンも多いよ」

うん、ありがたいことだ。

「じゃあ、君を食べるなんてもってのほかだよね……?」

そんなことはない。みそで煮込んだ〝こいこく〟は有名だし、甘露煮や洗いという食べ方もある。昔から、生命力が強い私に滋養効果があると重宝されてきた。

「妊婦さんの栄養補強にもなるね。それにしてもなぜ、5月も終わった今頃に登場したの?」

実は僕の繁殖はこの時期。いわゆる〝コイの季節〟ってわけさ。

〝腹黒い〟と例えられるには訳が

サヨリ

二〇〇八年六月十二日

今年度からメタボ健診が義務付けられたね。でも、君はほっそりして色つやも良く、うらやましいな。

「あらありがとう。私の名は〝サヨリ〟。漢字で〝針魚〟や〝細魚〟、英語では〝Needle fish〟、中国では〝針口魚〟と書くので、私のスレンダーな美しさは万国共通かしら」

君は料理でも、刺し身やおすし、わん種や天ぷら、酢ものに一夜干しなど、淡泊なお味で評判だ。

「もったいないお言葉……」

〝もったいない〟だなんて、もっと自信持ったらいいのに。

「あなたは〝サヨリのような人〟という言葉を聞いたことはない？」

いや、僕だったらうれしいけど、反対の意味があるの？

「じゃあ、私のおなかを開くと、内側が真っ黒だったことはない？」

そういえば……。では君は〝腹黒い人〟の例えに使われるの？

「そうなの。でもこれは、おなかが大きく長いため、内臓が傷みやすいから。根性までは悪くないのよ」

健診で性格までは分からないさ。

養殖で日本へ　悩みは侵入者扱い

ニジマス

二〇〇八年六月十九日

6月10日は入梅でした。暦の上では梅雨の真っただ中だけど、雨も適度に降ってくれないと、飲料水だけでなく僕たち魚も困っちゃう。

「おお、君は〝ニジマス〟だね。雨上がりの虹のような、美しい色をしているからその名があるの?」

いや元々は北米出身で1877年に養殖目的で日本へ導入された。この名は英名のRainbow troutを訳したものだから在来魚ではない。

「おお、じゃあ舶来モンかい!」

そう言ってくれるとカッコいいけど、実は国内水域の生態系を脅かす侵入者として、要注意外来生物にリストアップされているんだ。

「釣りだけでなく、塩焼きや甘露煮、ムニエルなどでも楽しませてもらってきたけど、そんな悩みを抱えているとは知らなかったよ」

僕が意図的に生息域を広げようとしたわけではないのに……。

「地球はますます食糧難の時代になる。地域の生態系保全と食糧の安定確保の問題は、なかなかすっきり〝梅雨明け〟しそうにないね」

幻の魚を養殖　村おこしに活躍

イトウ

二〇〇八年六月二六日

「おやお父さん、今夜はご同僚と一杯ですか。いいですね」

そうなんだ。こっちが鈴木くんでもう一人は伊藤さんだ。よろしく。

「何だか、魚みたいなお名前だね。特に2人目は僕と同じだ」

え〜！　スズキは分かるけど〝イトウ〟ってどんな魚だっけ？

「ほらサケの仲間で、日本では北海道や青森の一部の河川にすむ」

そういえば、全長2メートルにもなる日本最大の淡水魚って君じゃ？

「思い出したようだね。でもそっちの伊藤さんは小柄でかわいいね」

冷やかすでない！　彼女は小粒でも、頭脳明晰な逸材なんだから。

「おや僕だって、環境省から〝絶滅危惧ＩＢ〟に指定されるくらい希少な魚で、幻の魚だったんだから」

じゃあ、食べるなんてもってのほかだね。大事にしなきゃ。

「でも、20年ほど前に青森県で養殖に成功し、地元の旅館で刺し身や塩焼き、ルイベなどの料理で、村おこしに大活躍しているんだ」

おい、伊藤さん。君も頼むよ！

別名〝コタイ〟料亭直行のうまさ

コショウダイ

二〇〇八年七月三日

　おや君この辺では見かけないね。

「確かに僕は、魚屋よりも料亭に直行することが多い。これは、数があまり取れない上に、刺し身や塩焼き、煮つけなど何でもうまく、一般の食卓まで届きにくいからかも」

　そういえば体もタイっぽいし、きっとお高いんだろ～ね。で名前は?

「豊前海や周防灘あたりでは〝コタイ〟と呼んだりしているけど、正式名は〝コショウダイ〟だ」

　それって〝小型のマダイ〟ってことかい?　分類もタイ科なの?

「誤解が多いようだね。まず僕は唇が厚いのでイサキ科。それに〝コショウ〟とは、全身の黒い斑点が胡椒を振ったみたいだからさ」

　も～ややこしいね。日本人は何でもタイってつけたがるから……。

「まあそう言わないで。実は僕は今時分が漁期なので、漁師さんによっては〝梅雨魚〟って呼ぶ方もいる」

　それは風流だ。楽しい気分で梅雨を乗り切るには、君を食べて〝ハッピー・バースデー・ツーユー〟。

「駄洒落で価値を下げないでよ」

いよいよ夏到来　僕の出番です

二〇〇八年七月一〇日

ウチワエビ

「いや～暑いね。7日は二十四節気の小暑だった。暦の上では暑気に入ったので、夏到来って感じだ」

そうだね、僕ら水中で暮らすエビも、海水温が高くなった気がする。

「え～どこがエビ？　普通はクルマエビのように丸細いのに、君の体は〝うちわ〟のように平たい」

おや、暑さでボ～っとしてるかと思えば、意外に観察眼は鋭いね。

「いらぬお世話だ！　もったいぶらず、名前ぐらい教えてよ」

そうカッカしないで。もう名前は言い当ててるじゃん。ほら〝ウチワエビ〟だよ。

「上から踏んづけられたような形をしてるけど、味はどうなの？」

刺し身、塩ゆで、焼きなど、味は同じ仲間のイセエビ以上と評判さ。

「でも身は少なそうだね……」

そんなケチなことを。僕は尾をパタパタと前後に激しく動かして泳ぐので、身がしまってうまいのさ。

「うちわのようにパタパタさせるんだな。おお、だったらこう暑いので、うちわ代わりにもなるね」

殿様もほれた味と豪華な〝衣装〟

ホウボウ

二〇〇八年七月十七日

皆の者、私は〝ホウボウ〟であるぞよ。頭が高〜い！

「まるで、巷で話題の篤姫様のように、高貴なあなたは一体誰？」

うふふ……。篤姫さんは江戸幕府第13代将軍〝徳川家定〟の正室。そして私は、かつて殿様が愛でたことから別名〝君魚〟と呼ばれたの。

「で、本名のいわれは何？」

浮袋を震わせる音や、胸びれのとげを足のように動かして方々歩く様子、さらに、頭が角張っているからなど、諸説あるみたいだけど。

「で、なぜお殿様に……？」

私の淡泊な白身のお味は有名で、刺し身、煮もの、鍋、天ぷら、さらにはゼラチン質が多いので煮こごりでも大人気。殿も惚れるはず。

「そういえば、その真っ赤なお召し物も奇麗ですね」

特に、大きく広げた濃緑色の胸びれにはルリ色の斑点があり、チョウの羽のように絢爛豪華なの。でも、よく気付いてくれたわね。

「そりゃ〜僕は、家定さんのように〝うつけ〟じゃないからね」

口ではじけるウミブドウで有名

二〇〇八年七月二四日

クビレズタ

22日は大暑だった。この季節に旅するなら、やっぱり南国沖縄だ。

「だったら私を召しあがって」

何だか正体不明の、緑色の葉っぱみたいだけど……、君は誰？

「私は〝クビレズタ〟。通称の〝ウミブドウ〟のほうが有名だわ」

だったら知ってるよ。サラダみたいにドレッシングをかけて食べる。かむと、キャビアやイクラのようにプチプチと口の中ではじけ、歯ざわりがたまらなく好きだ。

「あら、食感はご存じのようね」

でもそれ以上は……。山のブドウを海中栽培してるんじゃないよね。

「私は緑藻類。サンゴ礁の海底を茎がはうように広がり、そこからブドウの房状の葉が上に伸びるの」

じゃあ、海から刈り取るんだ。

「いや、陸上の水槽で栽培する技術が確立して、大量生産できる」

で、あのプチプチする部分は？

「直径2～3ミリの、小枝と呼ぶ生殖器なの。ある意味卵と同じだわ」

〝無限プチプチ〟というおもちゃと同様、あの感触は熱中するね。

ホタテのように自由に泳ぎたい

ヒオウギガイ

二〇〇八年七月三一日

おや、その立派な貝柱の君は、ひょっとして〝ホタテガイ〟？

「しっかり見てよ。私はヒオウギガイ。分類上は同じイタヤガイ科だけど、姿や味もずいぶん違うわ」

そんなに怒らなくても……。確かに、貝殻はオレンジや黄色、紫など本当にきれいだね。でも鮮やかすぎるから、着色したんじゃない？

「本当に失礼ね。これは天然色」

いやごめん。ところで、その美しさから察すると南国育ちかな～？

「その通り。ホタテは冷たい海が好きだけど、私は三重県以南の太平洋側の暖かい海で養殖され、各地で名産になっている」

ということは、お味はいい？

「当然じゃん。刺し身、バター焼き、グラタン、ソテーなどなど、ホタテよりうまいと評判なのよ」

しかし、ずいぶんホタテをライバル視しているね。あんまり天狗になると報いがくるかもよ……。

「実は私、自然界では岩礁に足糸でくっつき離れられない。自由に泳げるホタテがうらやましいの」

五輪マスコットなら僕にも資格

イイダコ

二〇〇八年八月七日

いよいよ待ちに待った、北京オリンピックが開催だ。

「そうだね。マスコットにはパンダやチベットカモシカなどの生き物がデザインされているけど、なぜこの僕を使わなかったんだろう」

この僕って……、君はどう見てもタコの仲間。なれる訳ないよ。

「お言葉だね。この僕〝イイダコ〟には十分採用される資格がある。まず開会式は、中国でも縁起のいい数字の8にあやかり、8月8日の午後8時8分。ほらタコは八本足。しかも日本では、この日をタコの日に制定している地域もあるくらいだ」

だったらタコなら何でもいい。

「おっと、それだけじゃ〜ない。オリンピックといえば五色の輪と金メダル。で、この僕の体を見て」

どれどれ……。うぁ〜、金色の輪が2つ、足の付け根にある！　今から開会式に間に合わないかね？

「ほら驚いたでしょ。スポーツでは出場できなくても、料理では刺し身や酢みそ和え、煮ものなど和食で活躍中。中華料理には負けないぞ」

夏が苦手　涼しくなれば大活躍

タカノハダイ

二〇〇八年八月二一日

「玄界灘の荒波に～♪　鍛えし尾びれたくましく～♪　疾風の～♪」

おや、どこかのプロ野球チームの応援歌みたいで勇ましいね。

「ちょっと替え歌っぽいけど、これってこの僕、〝タカノハダイ〟のことをたたえているんだ」

そういえば、体の表面の斜めのしま模様が、鷹の羽根に似ているね。ひょっとして、君の名前の由来はそこにあるのかい？

「その通り！　だから名前を漢字で書くと〝鷹羽鯛〟となる」

正にホークスにぴったりの魚じゃないか。これはもう、球団魚にしてもらってもいいほどだ。

「でも今年は、交流戦優勝で息切れして……。ひょっとして僕と同じように暑い夏が苦手なのかな」

え～！　なぜ夏がダメなの？

「僕は、煮つけやから揚げ、洗いにもなるけど、この時期は海藻を食べるから磯臭いと敬遠されるんだ」

オフシーズンに活躍してもね。

「残りは約1ヶ月。涼しくなるほどうまくなるので、ぜひ声援を！」

あぶってかめば博多の夏の味

スズメダイ

二〇〇八年八月二八日

おや、この僕の料理に手をつけないで残しているね。嫌いなの？

「好物やけん、とっとっと」

ちょっと！　その鶏が鳴いているような意味不明な言葉は何？

「なんね知らんとね。こら博多弁で〝とっている〟ちゅー意味たい。で、あんたの名は？」

本名は〝スズメダイ〟。でも博多っ子なら、〝アブッテカモ〟のほうが有名でしょ。地元の夏の名物だしね。

「そげんこつ、言われんちゃ分かっとうくさ。丸干しにしてからくさ、〝あぶってかむ〟げな。香ばしーし、ぷりっとした白身もたまらんばい」

だからその別名があるの？

「〝あぶるとカモの味がする〟っちゅう説もあるとばってん、そげなこつ、どげんでんよか」

ずいぶん投げやりですね。いずれにしても、僕には小骨が多くヒレのトゲも硬いから、のどにささらないよう気をつけてください。

「鶏やスズメ、カモも出てきたばってん、鳥やのうて魚やけん、骨にゃ注意せないかんとやな……」

沖縄の県魚　北部九州にも見参

二〇〇八年九月四日

タカサゴ

とうとう夏休みが終わってしまったけど、海水浴には行った？

「もちろん。でも日焼け対策を忘れたので、真っ赤になって大変だった。おや、君の体もそれっぽいね」

いや、これは日焼けじゃない。

「だったらけがでもしたの？」

ご心配なく。これは傷じゃなく、赤い色素が浮き上がっているだけ。昼間、背中は鮮やかなマリンブルーなんだけど、夜間や絶命するとこの赤い色が全身に出てくる。

「へ～！　魚屋に並ぶ姿と海中では違うんだね。で、名前は？」

正式には〝タカサゴ〟だけど、別名の〝グルクン〟のほうが有名。

「おお、知ってるさ～。沖縄県魚にもなっていて、塩焼き、から揚げなど、郷土の味でファンも多い」

でも最近、地元沖縄では漁獲量が減って、ちょっと心配している。

「取りすぎとか、環境変化とか原因はいろいろなのだろうけど。そういえばこの夏、九州北部でも君が釣れたらしいね～」

海水浴していたらいつの間にか？

マラドーナは〝神の手〟僕は…

カメノテ

二〇〇八年九月十一日

うわ〜！　グロテスクな姿だね。君は誰？　そもそも食べられるの？

「僕の名前は〝カメノテ〟だ」

え〜！　あの脳神経外科で名医の？　それとも、あの石器発掘で物議をかもした研究者の？

「それは〝神の手〟でしょ。でなくて漢字で〝亀の手〟って書く。湯がいたりみそ汁に入れてもうまい」

え〜亀〜っ！　そういえば、カメの手のような形だね。かわいそうに手の先を切り落とされたんだ。

「おいおい、早とちりもいいかげんにして。僕は、爬虫類のカメじゃなく、エビやカニと同じ甲殻類」

そんな、僕が〝おっちょこちょい〟だから、だまそうとしてさ〜。

「まったく誤解だよ。僕はフジツボと同じ蔓脚類。外側は石灰質の硬い殻に覆われ、貝のようだけど、岩に付着する前の幼生の頃はエビの形で脚もあり、遊泳生活をしている」

そういえば味はエビっぽいね。おいしさについ手が出ちゃうよ。

「そういえば、サッカーのマラドーナも〝神の手〟が出たことが」

若い男の○○＝ワケノシンノス

イシワケイソギンチャク

二〇〇八年九月十八日

今日はおごりだ！　何を食ってもいいけど、まずはこのオレ〝イシワケイソギンチャク〟からどうだ！

「気前いいって言いたいけど、いきなり変な食べ物からですね～」

おうっ！　このオレは有明海沿岸の干潟では〝ワケノシンノス〟と呼ばれ、日本で唯一のイソギンチャク料理で有名だ。みそ煮込み、しょうゆ煮、から揚げなど珍味だぜ。

「姿だけでなく名前も変ですね」

おうっ！　この別名はこのキュッと締まった口が〝若いやつの尻の穴〟に似ているからだ。いなせだろ。

「う～ん、いなせって……。お尻の穴には食欲なんて出ないよ」

食わず嫌いはだめだ。イソギンチャクはクラゲと同じ刺胞動物。クラゲは大丈夫なんだろ。だったら～。

「じゃあ……。おお、コリコリして、磯の風味でうまいですよ！」

だろ～。じゃあ、どんどん食っておなかいっぱいになって。他の料理は高いから、それで我慢して……。

「太っ腹と思っていたけど、案外、ケツの穴は小さいんだね～」

素人料理で〝仏様〟にならぬよう

ヒガンフグ

二〇〇八年九月二五日

いや〜、今年の夏も暑かったね。

「でも、26日には秋の彼岸が明けるから、この暑さももう終わり」

そうそう、その〝彼岸〟も〝終わり〟もこの僕に大いに関係がある。

「そう言う君は、見たところフグの仲間みたいだけど、どこが？」

まず、僕の名前は〝ヒガンフグ〟。これは、春の彼岸の頃に産卵し味も良くなるからこの名前がついた。刺し身、鍋、から揚げなど、最高級のトラフグと肩を並べる。

「でもフグだから、やっぱり、毒の心配があるんだろ？」

もちろん。肝臓、卵巣は猛毒。皮や腸も強毒だから要注意。けっして素人料理はしないように。

「で〝終わり〟の方は？」

僕には〝ナゴヤフグ〟という地方名がある。これは、毒で命を落とす危険があるからで、名古屋と尾張と終わりをかけたしゃれなんだ。

「いくらおいしくても、死んでしまってはしゃれにもならんね」

彼岸も西方にある仏様の世界のこと。極楽浄土にフクがあるかも？

甲らまん丸〝後の月〟は僕の出番

スッポン

二〇〇八年十月二日

10月に入りすっかり秋らしくなった。そういえば、中秋の名月はいつだったかな?

「おいおい、そんなもの9月14日に終わったよ。のんきだねえ~!　お月様のようなお団子を楽しみにしていたのに。

「それならば、この僕〝スッポン〟はどうだい。ほら、甲らも満月のようにまん丸だし、秋から冬が旬だ」

それこそ〝月とスッポン〟の言葉の由来通りじゃん。その姿ときれいな名月を一緒にしちゃ失礼だよ。

「お言葉だね。僕は、脂質やカロリーは控えめなのに、ビタミンA、B_1は豊富なんだ。健康にいい上に鍋料理や雑炊、吸い物など、これからの季節にはもって来いなのさ」

おや、結構、食い下がるね。

「そりゃそうさ。僕はかみつく力が強く、何たって〝雷が鳴っても放さない〟と言われるほどだから」

今年の夏、全国各地は雷雨で大変だったけど、もう秋だしね。

「どっこい10月11日は〝後の月〟。もう1回出番はある」

連載100種類目　主役は海藻の僕

カンテン

二〇〇八年十月九日

魚屋さんにはいろいろな水産物が並んでいるけど、この連載では僕でちょうど百種類目になった。

「え〜、君が水産物？　ヒレもエラもウロコもないし、どう見ても干からびたスポンジみたいだぜ」

僕は〝寒天〟。主な原料はテングサやオゴノリなどの海藻だけど。

「海藻がどうやってその姿に？」

まず、海藻を煮出した粘状物質を棒状の型に流し込む。そして寒風で乾燥させるとこの僕になる。

「フリーズドライ製法なんだね」

そう、再びお湯に溶かして固めると、ご存じのトコロテンに変身だ。

「おお、そうだったんだ。でも魚屋さんには売ってないよね」

僕は鮮魚ではなく、天日で干した食品として干しシイタケやカンピョウ、メザシ、のりなどと同じ乾物扱いをされてしまう。だから、普通の食料品店の棚で見かけるでしょ。

「食べ物は本当に多様だね。だから、八百屋さんの名は数が多い意味の〝八百万〟からついたとか」

僕はまだ百番目。魚も頑張るぞ。

粋な産地名〝アオヤギ〟と呼んで

バカガイ

二〇〇八年十月十六日

貝柱といえばどんなカイを連想？「もちろんホタテガイやヒオウギガイだよ。あの太さは存在感ある」あら意外と一般人というか、小市民的なお答えね。がっかりだわ。

「なんだい、その小馬鹿にしたような言い方は！　一体、君は誰？」

それくらいで立腹しないで。私なんて名前に〝バカガイ〟なんてつけられ、不名誉極まりないんだから。

「オレは馬鹿呼ばわりされたら許せない。で、肝心の貝柱の方は？」

そっちが話題だったわね。私の貝柱は小柱と呼ばれ、寿し種、酢のもの、椀種、かき揚など、様々な料理で重宝され、食通は私を選ぶのよ。

「なのに、なぜそのお名前が？」

どうも私が、貝殻の口を開けっ放しで、そこから足をダラリと出す姿が、だらしなく見えたからかも。

「でも、寿し屋さんでは〝アオヤギ〟と呼んでいた気がする……」

研究者は馬鹿にしたけど、市場では千葉の青柳という地名から、粋な産地名がついたのよ。こっちが本名になってほしいわ。

栄養豊かで妊婦さんにお勧め

ウツボ

二〇〇八年十月二三日

へい！　お嬢さんいらっしゃい。今日は何を召し上がりますか？

「そうね、ウナギで元気をつけるか、白身のハモでさっぱりするか、淡泊なアナゴでもいいかも〜」

その選択肢だったらこのオレはどうだい。同じウナギの仲間だけど。

「キャ〜！　あなたは〝ウツボ〟じゃないですか！　とんでもない」

ずいぶんなリアクションじゃん。

「だって、その大きく裂けた口と鋭い歯、長い体、派手な模様、どう見てもゲテモノっぽいじゃん」

かなり誤解があるね。ハモだって口はでかいし、体が細長いのもウナギ目の特徴なんだけど……。

「ウツボ料理って聞かないし〜」

そんなことないぜ。紀伊半島や高知、伊豆などでは、煮物、干物、つくだ煮、から揚げが名物だ。

「でも、栄養なさそうだし〜」

徹底的に否定するね。オレには脂肪、たんぱく、ミネラルが豊富。和歌山県では妊婦さんにお勧めとか。

「う〜ん、断る理由がないわ。だったら安産のために食べちゃえ〜」

タクアン似でも食通うならす味

アカヤガラ

二〇〇八年十月三〇日

今夜は、超うれしいことがあったので、高級料亭で豪勢な祝宴だ～！

「何のお祝いか知らないけれど、この私も食材に選ばれうれしいわ」

この私って、誰のことかな？　マダイ、イセエビ、アワビ……？

「も～、私はそんなポピュラーな水産物じゃないわ。よく探してよ」

おや、すいぶん自信家だね。で、この祝い膳のどこにいるの？

「ほら、細長く円筒形で、赤っぽい、尾びれの先が細くなった……」

どれどれ……。え～っ！　誰だいこの宴に〝タクアン〟なんて持ち込んだのは。まったく失礼だな～。

「も～、失礼なのはあなたのほうよ。この私〝アカヤガラ〟を大根に見間違えるなんて。ぷんぷん！」

え～！　君があの食通もうならせる〝アカヤガラ〟かい。ごめん！

「そう、私はめったに漁獲されない上に、白身で淡泊。吸い物のわん種、塩焼き、干物など絶品なの」

体の大半は筒状の口先だから、身が少ない。奪い合いになるかも。

「お祝いの席でけんかはダメよ」

正義の味方なのに嫌われもの

ムラサキイガイ

二〇〇八年十一月六日

「どこから来たのか知らないけれど、みんな誰もが知っている～♪」まるで、月光仮面みたいだね。

「そう、僕は〝ムラサキイガイ〟。別名〝ムール貝〟とも呼ばれ、パエリア、ワイン蒸し、ブイヤベースなど、地中海料理の代表選手だ」

さすが、料理部門ではかなりポイントが高い〝有名人〟だ。

「それだけじゃない。僕は環境浄化にも貢献する貝として注目株さ」

え～どんな風にして？

「僕はプランクトンを食べるときに、海中の汚れも一緒に吸い込んで濾過している。洞海湾では水質浄化のために養殖の計画もあるほど」

いや～本当に正義の味方だね。

「いやところが、いいことばかりでなく、嫌う人もいるんだ」

うまくて環境にいいのに？

「僕は、昭和の初めごろに、船や積み荷にくっつき日本にやってきた〝侵入者〟だ。その後、全国の内湾の海岸で爆発的に繁殖し、港湾関係者や漁業者にも迷惑をかけている」

微妙～な正体がわかったよ。

愚痴に聞こえるのは浮き袋の音

二〇〇八年十一月十三日

シログチ

「年金制度はどうなる?」「株価暴落で会社が!」「値上げばかりでお財布が……」「おやつが少ないよ〜」

おや、家族みんなで愚痴ばかりこぼして、どうしたんだい?

「こんなに生活が厳しいとね」

海の世界でも、温暖化や汚染などの環境問題で大変なんだぜ。それに元々僕はグチっぽい魚だし。

「ネガティヴな魚がいるの?」

それが……。僕の名前は〃シログチ〃で、同じ仲間の〃ニベ〃と合わせて〃グチ〃と呼ばれている。

「だったら名前だけじゃん」

だといいんだけど、どうも名前の由来は、僕が浮き袋を震わせグーグーと大きな音を出すので、この〃声〃が愚痴に聞こえたようなんだ。

「美声で鳴けば別の名前になったのかい? で、味のほうはどう? 魚屋じゃあまり見かけないね。ひょっとしてまずいから?」

僕はミンチにされ、カマボコや竹輪などの練り製品になる。皆さん、日ごろから食べているのにな〜。

「やっぱり最後は愚痴が出た」

〝ちょい悪〟感漂う　黒のつく名前

クロダイ

二〇〇八年十一月二〇日

魚の代表選手といえば誰だ？

「もちろんマダイだよ。桜色で体形も整い、味もよくて縁起物だ」

三拍子も四拍子もそろった八方美人よりも、オレのような〝ちょい悪ダイ〟のほうが〝魚味〟があるぜ。

「そう言う君は誰ダイ？」

おや気になる？　オレは〝クロダイ〟。漢字でも〝黒鯛〟だから、まさにブラックな雰囲気が漂う。九州じゃ〝チヌ〟って呼ばれるけどね。

「体形はタイっぽいけど、名前の通り黒くて、しかもまずそうだ」

まずいは余計だ。オレは13種いるタイ科の一種。刺し身、煮つけ、塩焼きなど、味は遜色ないぜ。

「じゃあ普通〜の魚じゃん」

いや、オレは成長につれオスから雌雄同体へ、最後は完全にオスとメスに分かれる、性転換する魚だ。その辺の者と一緒にしないでくれ。

「それは、大変な一生を……」

食事もかなり悪食。エビやカニ、ゴカイ、海藻だけでなく、ヒト様が捨てた残飯まであさることも。

「まるで〝苦労鯛〟ですね」

〝エイリアン〟顔のハゼの仲間

ワラスボ

二〇〇八年十一月二七日

おや、どうしたんだい？　顔面が恐怖でこわばっているよ。

「だって、姿があまりにもグロテスクだから。第一、君は魚なの？」

僕は有明海にすむハゼの仲間。料理でも、干物、佃煮、から揚げなど、地元じゃ珍味で知られている。

「え〜っ、しかも食べられる！」

そんなに驚かなくても……。

「大きく裂けた口と周りの乱杭歯、退化した目など、その形相はSF映画の〝エイリアン〟みたいだ」

食べ物は泥底にすむ、貝やカニ、ゴカイなどで、ヒトは襲わない。

「確かに、細長い体は40センチほどだし、干物の姿は束ねたわらのようで、貧相さも漂う……」

そのわらの先がすぼまる様子から〝ワラスボ〟の名がついた。

「だったら怖がることなかった。この世の終わりかと心配したよ」

終わりといえば、僕は図鑑の索引では最後に出てくる。映画でもエンドロールまで見ないとね。

「映画エイリアンじゃ、どんでん返しばかりで驚かされた……」

花嫁衣裳に負けぬきらびやかさ

イトヨリダイ

二〇〇八年十二月四日

高砂や～♪　めでたいな～♪

「おや、そのフレーズやずいぶんきらびやかな衣装といい、誰かの結婚式かい？　よくお似合いだ」

ありがとう。大切な方の慶びの宴なので、この私が魚を代表して。

「え～っ、お祝いの膳ならば〝マダイ〟さんじゃないの？」

お言葉だけど、私の名前の〝イトヨリダイ〟は、漢字で〝糸撚鯛〟とか〝金糸鯛〟と書くのよ。英語でも〝Golden thread〟って呼ばれる。

「で、なぜその文字が？」

ほらよく見て。薄紅色の体に6本の黄金の線が鮮やかでしょ。しかも尾びれの先が、その黄金の糸をよるように長く伸びているからよ。

「本当にきれいだ……」

関西では、塩焼き、蒸しもの、わん種など、この表面の色を生かした料理で喜んでいただいているの。また、やわらかな白身はとても上品だから、マリネやムニエルなど、洋食でもファンが多いのよ。

「まさに披露宴にぴったりだ。この僕もお祝いに駆けつけるよ」

地方名は悪そうなグレとクロ

メジナ

二〇〇八年十二月十一日

おや、そこの黒っぽい魚たち、一見まだ子どものようだが、そんな暗がりでたむろしていて、何か悪さでもしてるんじゃないか？

「そんなの偏見だよ。僕らメジナは、小さいときはこうして、磯場の岩陰で群れて暮らしているのさ」

それは失礼。でも君は、関西のグレや、九州のクロのほうがなじみ深い名前なのにね。本名を伏せる特別なわけがあったのかい……。

「また〜、疑り深い目で見ないでよ。メジナとは目が近い意味、クロは体の色、そしてグレも黒を表す古語なんだ。それに、僕には磯釣りファンが多い。そんな風に誤解していると、彼らが黙っちゃいないぜ」

おやそれはぶっそうだ。じゃあ、食ってもうまいってことなんだ。

「もちろん。刺し身、煮付け、カルパッチョ、から揚げ何でもＯＫ。これから冬においしさも増すのさ」

そうなんだ。でも夏は磯臭いって聞いたこともあるよ。

「も〜そんなに僕を信用しないのなら、本当に〝ぐれ〟てやる〜！」

畳のような巨体のカレイの仲間

オヒョウ

二〇〇八年十二月十八日

「おひょ〜! でっかい魚だね。一体、どれだけ成長するんだい?」

私はカレイの仲間では最大種。全長2・7《メートル》、体重は300《キロ》を超える記録もあるのよ。でも、大きくなるのはメスのほう。

「おひょ〜! オスは小さいんだ。しかし畳のような巨体を刺し身にしたら、何人分になるんだろう」

私は刺し身だけでなく、フライ、ムニエル、煮付けでもおいしいわ。

「おひょ〜、じゃあ、何を食べたらそんなに大きくなれるの?」

私は北の寒い海にすむから、タラ、ニシン、サケ、マスなどの魚を片っ端から食べちゃうの。時には、海面の海鳥さえ襲うこともあるわ。

「おひょ〜、それは大食漢だ。では、長生きもするんだろうね」

メスでは42年の記録もあるわ。

「おひょ〜、それはご長寿で」

あなた、びっくりし過ぎよ。

「いや、すごいことばかりで。じゃあ、お名前を聞かせてください」

私は〝オヒョウ〟よ。驚いた?

「おひょ〜 そのまんまです!」

クリスマスに最適のごちそう

アメリカンロブスター

二〇〇八年一二月二五日

ロマンチックな聖夜を、あなたはどう過ごされましたか？

「もちろん。豪華なディナーで盛り上がったよ。もう満腹さ」

あらあら、色気より食い気だったのかしら。では、この私〝アメリカンロブスター〟は召し上がった？

「もちろん。ボイルやグリルなど真っ赤な姿はクリスマスに最適。しかし、なぜこの時期に君なの？」

クリスマスはキリストの降誕祭だから、元々は欧米の文化。そんな特別な日を、七面鳥やロブスターなどのご馳走でお祝いしたようね。

「僕は無節操、いや何でも受け入れる日本人なのでお相伴できる」

じゃあ、それだけ心が広いのならば、私でなく〝アメリカザリガニ〟でもいいんじゃない？

「え〜、そこまで許容はできん」

あら、私の分類はザリガニ下目で淡水にすむザリガニも同じ仲間。すんでいる場所が海という違いだけなの。ほら姿も似ているでしょ。

「う〜ん。さすがにアメリカザリガニでは、彼女は口説けない……」

数の子の母親　資源枯渇が心配

ニシン

二〇〇九年一月八日

明けましておめでとうございます。今年は景気回復を願いたいね。

「私も、昔は羽振りが良かったけど、今はつらいことばかり……」

そう言う君は、どなた様で？

「正体を明かす前に、おせち料理の数の子は召し上がった？」

お正月くらいは縁起物だしね。ぷちぷちの歯応えで大好物さ。でも、君はそれと関係があるの？

「私はその卵の母親なの」

数の子の親って、どんな魚？

「ご存じないの？　ニシンよ」

おお、〝ニシンそば〟で有名です。でも、どんな苦労があったの？

「戦前までは大量に漁獲され、北海道では御殿が建つほど漁港はにぎわい、この卵も〝黄色いダイヤ〟と呼ばれ、もてはやされた時代も……」

日本近海から姿を消したんだね。で、今食べているのはどこから？

「カナダ、ロシア、ノルウェーなど、この地方はまだ大丈夫そう」

円高で安く買えるかもしれないけど、石油と同じで資源枯渇が心配。

「新年から経済談義になったわ」

発酵させ〝すし〟に病み付きの味

フナ

二〇〇九年一月十五日

20日は大寒。この季節の釣りといえば、この私〝フナ〟が有名だわ。

「確かに釣りの基本かもしれないけれど、僕は食べるほうがいい」

あ～ら、料理といえば、焼く、蒸す、煮るなどいろいろあるけど、やっぱり最高は〝フナずし〟ね。

「僕はあの強烈なにおいが苦手。ドリアンやくさやと肩を並べる」

あ～ら失礼ね。確かにフナずしは発酵食品なのでちょっとクセがあるけど、一度食べたら病み付きよ。

「でも、なぜそれを〝すし〟と?」

皆さんが普段召し上がっているすしは、江戸時代に、酢を混ぜた飯に魚をのせるだけのファストフードとして考案された。一方、フナずしの歴史は弥生時代にまで遡るの。

「へ～、ではどんな製法を?」

まず数ヶ月塩漬けにし、それから硬めに炊いた飯に漬け、最低6ヶ月は寝せて発酵させ酸味を出す。

「そんな気長な食べ物とは!」

気が短い江戸っ子は、発酵を待てずに酢を使ったようね。

「釣りではじっと待てるのに」

歯応えで人気　抗菌、保湿作用も

クラゲ

二〇〇九年一月二二日

コリコリの歯ごたえがうまいね。

「ありがと。私はクラゲ。中華料理の前菜や酢の物でも人気が高い」

でも泳いでいるクラゲは、半透明でふわふわなのに、この食感はなぜ？　そもそもどんなクラゲ？

「いろいろ不思議なようね。まず私の種類は、ビゼンクラゲ、ヒゼンクラゲ、それからエチゼンクラゲなど。それを食塩やミョウバンを使って脱水し、硬く引き締めるの」

それぞれ、よく似た名前だね。

「そうね、それぞれ備前、肥前、越前と書くけど、今の岡山、佐賀、福井県地方のこと」

じゃあそこが名産ということ？

「初報告された地名が由来だけど、名産には抵抗があるところも」

え〜、それはどこ？

「ほら、あの大型クラゲの大量漂着で大騒ぎになった福井県よ」

確かに、水産業や県への風評被害などで深刻な問題だった。

「でも最近、抗菌や保湿作用の新物質が含まれている朗報もある」

結構、手ごたえもあるじゃない。

最高値で取引も乱獲され激減

ウバザメ

二〇〇九年一月二九日

26日は中国の春節だった。だから今、向こうはお正月の真っ最中だ。

「ならば、中華を食べなきゃ」

安易だね～。じゃあこの僕〝ウバザメ〟の料理は知っている？

「え～！　その全長10メートル近い巨大な君を、どうやって食べるの！」

おいおい早とちりだね。確かに僕はジンベエザメに次ぐ巨大ザメだけど、一般に食べるのは〝ヒレ〟さ。

「おお、フカヒレなら、スープに姿煮にと、味も食感も大好物だよ」

そうなんだ。しかも僕は、他のサメの中でも最高値で取引される。だからめったに口にはできない。

「そんな貴重なサメとは。でも、ヒレだけ食べるのはもったいない。他の部分は利用できないの？」

よくぞ聞いてくれた。肉はミンチに皮は皮革に、そして何よりも、大きな肝臓からは美肌効果の高いスクワランがたくさんとれる。

「いいことばかりじゃん」

いや実は、乱獲で生息数が激減していて、捕獲禁止の国もある。

「正月気分で浮かれておれんね」

〝庶民離れ〟なし　名変わる大衆魚

ホッケ

二〇〇九年二月五日

僕は昨年の11月、日本の首相が〝煮つけで食べた〟と談話したことで有名になった〝ホッケ〟だ。

「なぜ、その話題で脚光を？」

だって普段皆さんは、干物で召し上がっているからだ。産地の北海道では、刺し身や煮物でも食卓にのぼるけど、それは一般的じゃない。

「九州出身の首相が、本当に煮つけで食べたのか、やや疑問だね」

問題はそこじゃなく、僕は安くて大量に取れ、1匹で満腹になる、いわゆる大衆魚なのに、発言が庶民離れしていたことが……。

「ひょっとして、他の魚と勘違いしたんじゃないかな？」

とはいっても、一国の首相まで立身出世した方だから、信頼度の高い情報を発信してほしいね。

「ブリやボラのような〝出世魚〟を引き合いに出せばよかったね」

おや、僕だって成長に伴い、アオボッケ、ロウソクボッケ、ハルボッケ、そして最後に〝ネボッケ〟と名前が変わる出世魚なんだけど。

「首相も寝ぼけていたのかも？」

八角形の体 うまさも〝ハッカク〟

トクビレ

二〇〇九年二月十二日

四角四面の世の中で、とかくこの世は住みにくい……。

「おやどうしたの？　よかったらこの僕〝トクビレ〟が話を聞こう」

ありがとう。みんな真面目な角張ったやつばかりで、いやになるよ。

「確かに……。そういえば、魚にも角のあるものがいてね……」

そういう君も、体がかなりゴツゴツした感じがするけど。

「鋭い観察眼だね。魚の断面は、トビウオの逆三角形や、ハコフグの四角もあるけど、普通は丸や楕円が多い。で実は、僕は八角形なんだ」

本当だ。珍しいね。もう少し、身の上を聞かせてよ。

「僕の本名は、オスの背びれと尻びれが特別に大きいからついた。でも地元の北海道などでは、この形から〝ハッカク〟と呼ぶ」

で、お味のほうは期待薄なの？

「それが超美味で、この時期は脂がのり、刺し身、すし、凍ったルイベなど、生食が絶品なんだ」

魚も見かけでは判断できんね。

「意外な面が発覚することも」

鮮やかな体色　私で春を感じて

ウメイロ

二〇〇九年二月十九日

温暖化といいながら、今年の冬はことのほか寒かったような……。

「でも、立春も過ぎたことだし、この私で春を感じるのはどう?」

どれどれ……。青色と背中の黄色のコントラストが鮮やかで、どちらかと言えば夏っぽい姿じゃん。

「いや外観でなく、名前が〝ウメイロ〟なのよ。背中の黄色が熟した梅の実のようなのでつけられた」

味はすっぱくないんだろうね。

「もちろん。白身なので、刺し身、湯引き、すり身でもおいしいの」

この近所じゃ見かけない魚だから、僕にはあまり縁がなさそうだ。

「私は、和歌山や高知などの太平洋沿岸の深い海にすみ、水揚げも少ないからね。でも、梅林で知られる太宰府天満宮では、25日に〝梅花祭〟があるから、それに合わせて召し上がっては?」

かなり強引な展開じゃん。飛梅といえば、菅原道真さんの〝東風ふかば……〟で有名だよね。あれって、左遷を愁えた歌だと聞いたけど。

「ちょっと、寒い話題だった?」

私は〝箱入り魚〟みそ焼きが名物

ハコフグ

二〇〇九年二月二六日

間もなく桃の節句ね。ひな人形などの準備はできた?

「もちろん、我が家の大事な箱入り娘のために、用意万端さ」

よほど大切に育てているようね。この私も箱入りなんだけどな〜。

「え〜、どこが? そんなに溺愛されるタイプには見えないけど」

私の名前は〝ハコフグ〟。これは、体が箱のように硬くて四角いから。

「外観と名前だけじゃん。どこかで大切にされているの?」

重ね重ね失礼ね。長崎県五島列島では、私の〝みそ詰め焼き〟という郷土料理で名物になっているわ。

「フグならば毒が心配だよね」

体表の粘液には毒性があるけど、よく洗えば人には大丈夫。それに、身は無毒だから安心なさって。

「しかし、そのカチカチの硬い体を、どうやって食べるんだい?」

おなかを四角く切り開け、取り出した身や肝に、みそ、ネギを混ぜて再び体に詰め、丸ごと焼くの。

「また箱に戻すんだね。娘には出戻りしてほしくないけど……」

虫のつく名前　海にも春が来た

ハマグリ

二〇〇九年三月五日

5日は〝啓蟄〟。冬ごもりしていた虫が土の中から出てくる日です。

「ずいぶん暖かくなったからね」

では問題です。次の漢字の中で、私はどれでしょう？　〝蚊・蚕・蛍・蛤・蛾・蜘蛛・蝶・蜂・蟻・蝿〟

「どれにも虫の文字が入っているね。どんな昆虫なんだい？」

あら、いつ私が虫の仲間と言ったかしら？　ほらこの体を見てよ。

「おや君は、吸い物や酒蒸しでおいしい〝ハマグリ〟じゃない」

そう、漢字では〝蛤〟と書く。

「でも、どこを見ても虫っぽくないよ。第一、海にすんでいるし」

あら、私だけじゃないわ。タコは〝蛸〟、カニは〝蟹〟と書く。また、貝の仲間にも〝蚫〟や〝蜆〟もいるしね。

「海の生物なのになぜ虫と？」

ヒントをあげましょうか？　私たちは、海底にすんでいる生物。

「分かった！　土の中から出てくると思われたからだね！」

あら、よく気が付いたわね。

「うん、虫の知らせが……」

〝琴〟にも負けない自慢の音色

コトヒキ

二〇〇九年三月十二日

「ポロロン〜♪、ペンペン〜♪」

おや、その美しい音色は何の楽器だい？　琴とも三味線ともつかない、すてきな演奏だね。

「あらうれしい。太宰府天満宮では3月1日に、琴の調べに乗せて曲水の宴が催された。私はそれにあやかる魚かなと思い奏でてみたの」

でも、その黒い3本のしま模様の体は、きらびやかな平安王朝絵巻とは縁もゆかりもなさそうだけど。

「そんなことないわ。私の名前は〝コトヒキ〟と言うの。これは、体内の浮袋を筋肉で震わせた時に出す音が、琴を弾いているように物悲しく聞こえたからなのよ」

じゃあ、お味の方はどうなの？　あまり魚屋さんじゃ見かけないね。

「確かに〝山盛り〟に取れる魚じゃないけど、お刺し身や塩焼きにはなる。でも自慢はこの音色かな」

じゃあ、もう一度鳴いてみてよ。

「グー♪、グー♪、グー♪」

最初の音色と違うんじゃない？

「うん、あれは〝口三味線〟を弾いただけ。ごめんなさい」

潮干狩りには塩を忘れないで

マテガイ

二〇〇九年三月十九日

春も本番。こんなうららかな日は潮干狩りなんていいよね。

「この季節は、僕がすんでいる砂浜に、ぜひお出かけ下さい」

そう言う君は誰？　何だか木か竹の切れ端みたいだけど……。

「どっこい、こう見えても僕は立派な二枚貝の仲間さ。名前も〝マテガイ〟というんだ」

立派な二枚貝なら、アサリやハマグリみたいな扇形じゃないの？

「ほら、表面には同心円状のしま模様もあるでしょ。それに殻は左右縦方向に、2枚に分かれるし」

君が貝なのは分かった。しかし、そもそも食べられるの？　潮干狩りには実益も必要だからね。

「みそあえ、酢のもの、塩ゆで、バター焼きなど、何でもあり」

うまいのも分かった。でもどうやったら掘り出せるんだい？

「ほら、聞いたことない？　僕の巣穴に塩を入れて、びっくりして飛び出したところをつまみ上げる」

貝掘りといえばスコップと思っていたけど。正に〝塩ひ狩り〟だね。

漁は静岡だけ〝さくら〟で運んで

サクラエビ

二〇〇九年三月二六日

桜前線も北上を始めた。やっぱりこの時期はお花見だね。

「あらうれしい。だったらこの私もその仲間に入れてちょうだい」

そういう君はエビっぽいけど、なぜ名乗りを上げたの？

「私は〝サクラエビ〟だから」

そうか、でもそれだったら、桜鯛とか、桜鱒、桜餅もあるけどね。

「どれもきれいな紅色をしているからね。でもこの私も、生きている時はほのかなピンク色、干すと真っ赤になってとても鮮やかなのよ」

かき揚げや塩ゆで、干したのは、お好み焼きに入れてもうまいね。

「ありがとう。私は、静岡県の駿河湾に面する、由比や蒲原、大井川の漁協の船でしか漁獲できないの」

そんな貴重なエビなら、超特急で流通させて、新鮮なうちに全国の方に食べてもらいたいね。

「超特急といえば、鹿児島中央から新大阪までつながる新幹線の名前も〝さくら〟になったわ」

桜の花と同じように、電車も静岡まで北上すればいいのにね。

新潟県では佃煮が伝統料理

メダカ

二〇〇九年四月二日

「メダカ〜の学校は〜♪」

おや、ご機嫌ですね。小川の水もぬるみ、私たちメダカの群れを観察するのにいい季節になったしね。

「いや、僕がうれしいのは、このメダカの佃煮がうまいからさ」

え〜っ！　小川のアイドルの私たちを食べるなんて、とんでもない。

「名前を漢字で〝目高〟と書くからと言って、そんなに目くじら立てて怒らなくともいいじゃない」

名前は関係ないでしょ。第一、メダカは、自然界で生息数が激減していて、03年に環境省は絶滅危惧種に指定しているんだから。

「そんなこと知っているさ」

だったら、かわいがってよ。

「お言葉だけどそうしているさ。この佃煮を名産にしている新潟県の見附市や五泉市では、伝統料理だったこの地で、メダカ食の文化を残そうと養殖池の環境整備に力を注ぎ、繁殖に取り組んでいる」

自然の川で捕まえると思ったわ。

「そのお怒りは、水〜に流して、す〜いすい♪　と一件落着したね」

命がけの潜水漁　環境変化で激減

タイラギ

二〇〇九年四月九日

アサリのバター焼き、シジミのみそ汁、キサゴの塩ゆでなど、今のシーズンは貝がおいしい。

「確かにそうだが、そんな小さなものを、ちまちま食べるより、もっとでっかい貝で豪快にいこうぜ」

そう言うあなたは、誰カイ？

「俺は二枚貝のタイラギだ。殻は長さ20～30センチ、貝柱も直径10センチほどあり、生食、すし、酢の物、フライ、焼き、干物など何でもうまい」

それだけあれば、食べ応え十分ですね。それに、黒光りする先のとがった殻は精悍な雰囲気がある。

「このとがった部分は根元のほうだ。水深10メートルより深い砂泥底に刺さり、海底に口だけを開いている」

ということは、潮干狩りではお目にかかれないってこと？

「そうなんだ。俺は、ヘルメット潜水やフーカー潜水と言う機材を、ヒトが身につけて海底に降り掘り出す。命がけの漁なんだぜ」

それはとても貴重な貝ですね。

「昔は有明海にもいたが、環境変化で激減さ。今のうちに食っとけ」

僕の正体は?・的・馬頭がヒント

マトウダイ

二〇〇九年四月十六日

「さて僕の正体はなんでしょう」

いきなりなぞなぞかい。よ〜し、ズバリ当ててやろう。

「目がまん丸で、顔はでかくて馬面な上に受け口。体は薄っぺらで色は地味。体の真ん中に黒くて丸い模様があり、ヒレを大きく広げる」

う〜ん、かなり難問だね。

「ああ、言い忘れたけど、僕はもちろん魚の仲間なんだ」

じゃあ、食べられるの?

「刺し身、煮付け、から揚げ、バター焼きなど、和洋何でもあり」

う〜ん、もう一つヒントを。

「19日に熊本市の出水神社である〝流鏑馬〟に大いに関係あり」

う〜ん、まったく的を射ないね。

「あ〜おしい! かなりいい線」

まだ何も答えてない。頭悪いからって、馬鹿にしているんじゃない?

「あ〜それも、近い!」

ますます分からないよ。降参!

「僕の名前は〝マトウダイ〟。ほらこの体だから、漢字で〝的鯛〟とか〝馬頭鯛〟という字があてられる」

的外れな回答で申し訳ない。

別名〝連子ダイ〟お祝い膳で活躍

キダイ

二〇〇九年四月二三日

間もなく黄金週間が始まる。今年は5連休もあり、とても楽しみだ。

「あらだったら、この私にも〝キタイ〟してちょうだい」

君ってタイの仲間っぽいけど、どこに〝キタイ〟すればいいんダイ?

「なかなか心得た突っ込みね。まずは名前が〝キダイ〟だってこと。それに漢字では〝黄鯛〟と書くし」

それって〝黄色つながり〟っていうだけじゃない。他にはないの?

「だったら、私は別名の〝レンコダイ〟のほうがよく知られている」

それがどう〝関連〟しているの?

「これまたいいお尋ねで……。このレンコは漢字で〝連子〟と書く。つまり連休にはぴったりなの」

これも〝連〟つながりってこと?

「それだけじゃないわ、ゴールデンウィークは〝子連れ〟で行楽地がにぎわうという意味もあるし」

では、味はどうなの? 何かめでタイことがあると余計にいいね。

「私は結婚式などのお祝い膳に、塩焼きやお吸い物で活躍中よ」

期待を超えるキダイさんだ。

〝黄金のナイフ〟は絶滅危惧種

エツ

二〇〇九年四月三〇日

「漁師よ漁師。あなたが川の中に落として困っているのは、この〝黄金のナイフ〟ですか?」

おお女神様! その通りです。それは私の大切な〝ナイフ〟です。

「この不正直者め罰を与えよう」

ちょ、ちょっと待って! その黄金のナイフは〝エツ〟という魚で、日本では有明海と筑後川だけにすんでいる、とても貴重な種類です。

「では、なぜナイフと……」

この魚の体は、ナイフの刃のように薄っぺらで、生きているときはウロコが金色に光っているから、そのように見えたのです。

「では、なぜ困っている顔を」

実はこの魚は、5月1日から漁が解禁になるのですが、最近、めっきり数が少なくなり、環境省でも絶滅危惧Ⅱ類に指定されていて……。

「希少なのになぜ漁獲を?」

大川市では供養祭をし、郷土料理としてエツをふるまう屋形船が出るんです。さしみ、煮付け、から揚げなどあっさり味でとてもおいしい。

「正直だから許してあげるわ」

〝ライバル〟とは体も味も大違い

マナガツオ

二〇〇九年五月七日

5月5日は立夏。早くも夏到来ということでまず一句。〝目には青葉、山ホトトギス、マナガツオ〟。

「おいおい、最後のところは〝初鰹〟じゃないの？」

いいや、これでいいんだ。カツオなんかに負けてられないから。

「なぜライバル意識を燃やすの」

だって、僕の名前〝マナガツオ〟の由来は、カツオに学んだからとかまねたという説もあるし。

「でも漢字では〝真魚鰹〟や〝真名鰹〟と書いたりもするよね」

よく知ってるじゃんうれしいね。僕こそが正真正銘の鰹だからさ。

「漢字のほうで名誉挽回かい？ しかし、両者とも体つきが全然似てないけど、味の違いはどう？」

僕は白身でたんぱく。刺し身は最高級品だし、西京焼き、塩焼き、煮付け、骨もから揚げで最高さ。

「料理のバリエーションや、お味のほうも格別のようだね」

それに加えて、僕の旬は初夏だけでなく、冬もうまいんだ。

「もう漢字で〝勝魚〟にしたら」

元祖〝鼠先輩〟家庭の味で活躍

ネズミゴチ

二〇〇九年五月十四日

どうやらヒト様の世界で、〝鼠先輩〟というタレントが活躍しているようだね。しかし、そもそも元祖は僕のほうなんだ……。

「え〜、どう見ても君は魚だよ。チュウチュウ鳴くネズミにも、芸能界の鼠とも縁がなさそうだ」

僕は〝ネズミゴチ〟。この小さなおちょぼ口が、ネズミの顔に見えたので、あやかって名づけられた。

「名前だけで先輩面されてもね」

いやそれだけじゃない。そもそもこの3種類は、同じ脊椎動物の仲間だけど、生物進化の上では魚類が最も古い〝大先輩〟だから。

「確かにそうだが、ネズミにはあまりいい印象がない。君はどう?」

実は、体から大量の粘液を出したり、えら蓋の上のトゲで釣り人の手をわずらわせるなど、どちらかといえば、僕もやっかい者扱いなんだ。

「それはお気の毒に……」

でも料理では、てんぷらや干物でもうまい。店頭やレストランには出ないけど、家庭の味ってとこだ。

「B級ならぬチュウ級グルメだ」

おれ様を食べて5月病を治そう

オニダルマオコゼ

二〇〇九年五月二一日

おい、そこの新人！　浮かない顔して、元気なさそうだぞ。

「ドキッ！　なぜ分かったの？」

この時期は5月病とか言い、新入社員や新入生が環境に慣れず、精神的に落ち込むことがある。よかったら相談にのるぜ。

「そんなあなたは、どなた様？」

おう、おれの名前は〝オニダルマオコゼ〟だ。漢字で〝鬼達磨虎魚〟と書く。どうだ頑強そうだろう。

「はい、確かに。それに、お顔つきもずいぶん迫力ですね……」

姿だけじゃない。おれ様の背ビレのトゲには猛毒があって、過って刺されたら、最悪、あの世行きだ。

「そんな危険なお方ならば、逆効果。お近づきしたくないです」

そう言わずに。こう見えても、から揚げにしたら、ヒレや骨はせんべいのようにパリパリで、白い身はホクホク感があり、最高なんだぜ。

「でも、毒があるんでしょ。僕は危ないことはいやです！」

加熱すればＯＫ。慎重ながらも相手を良く知り、七転び八起きだぜ。

僕は全国最大派閥の代表選手

二〇〇九年五月二八日

マハゼ

テレビでクイズ番組が全盛だから〝雑魚王選手権〟なんてどう？

「なぜ雑学でなくて雑魚なの？」

いや君の姿が、小さくて色も地味で、なんとなくそう見えたから。

「外観だけで雑魚扱いはひどい。僕には驚異の事実がたくさんある」

だったら、自慢してみてよ。

「まず僕は、ハゼの仲間の代表選手〝マハゼ〟なんだけど」

なんだ君は、関東で〝ダボハゼ〟九州では〝ドンコ〟と、ちょっとさげすんで呼ばれているハゼかい。

「おや馬鹿にしたね。僕の仲間はとても種類が多いのを知らないの？日本だけでも450種を超え、国内産魚類の約10％はハゼなんだ」

うぁ〜、それは最大派閥じゃん。

「しかも、北海道から沖縄までの淡水、海水どこの水域にもいる」

うぁ〜、それに全国区かい。

「日本はハゼ大国。まだまだ新種が発見されている。食べても、天ぷら、刺し身、佃煮など、白身であっさり。卵巣の塩辛も珍味なんだ」

うぁ〜、雑魚どころじゃないね。

卵の世話は僕が…お嫁においで

アイナメ

二〇〇九年六月四日

早いものでもう6月。梅雨も近づき、うっとうしい季節になるわ。

「僕にとってはその逆だけど」

この気候が好みとは奇特な魚ね。

「九州ではアユが解禁になり、ジューン・ブライドの幸せな月だし」

ということは、あなたはアユ？

「いや僕は〝アイナメ〟だけど」

まったく会話が成り立たないわ。

「悩ませてごめん。まずアユとの関係は、名前を漢字で〝鮎並〟とか〝鮎魚女〟と書くから。つまり、アユのように美しくうまいのさ」

どんなお料理で人気なの？

「刺し身、あらい、から揚げ、煮付けなど、白身に脂がのり最高さ。別名の〝アブラメ〟もそれが由来」

前半は分かったわ。じゃあ、結婚式とはどんなこじつけがあるの？

「僕は繁殖期になると、体が黄色に変化してメスたちを誘惑する」

あら～、プレーボーイなんだ～。

「確かに、磯のあちこちには、複数のメスとの卵塊がある。だけど、卵の世話は僕の役目で、父性愛も抜群なんだ。結婚相手にどう？」

体形は柳の葉状　絶品の一夜干し

ヤナギムシガレイ

二〇〇九年六月十一日

私の正体を当てる連想ゲームをしましょう。いいこと？　11日は入梅。この季節の植物といえば何？

「アジサイかヤナギってとこ？」

いい線いってる。じゃあ、ヤナギから思いつく動物は何でしょう？

「カエルしか想像つかないけど」

でなく、その葉から連想する魚。

「分かった！　シシャモだ。漢字で〝柳葉魚〟と書き、神様が川に流した柳の葉が化身し、飢えを救ったというアイヌ伝説がある」

残念！　そうじゃない。では、もう一つのヒントは〝若狭湾名物〟。

「おお、若狭と聞けば〝ヤナギムシガレイ〟だろ。〝若狭がれい〟というブランド名もあるくらいだ」

ピン、ポン！　ようやく正解。この柳の葉のような体型に、虫食い状のはん点があるからよ。

「薄塩の一夜干しは絶品だ。特に卵をもっている時が最高で、ムニエルやバター焼きでも超うまい！」

いやに私に詳しいわね……。

「だって君は干物界の大スター」

そんな有名とは〝つゆ〟知らず。

とがった口先で獲物目がけ突進

二〇〇九年六月十八日

ダツ

21日は夏至。昼の時間が一番長く、太陽の位置が最も高い日だ。

「まるで太陽の光が、僕らの頭を真上から狙っているようだね」

いい例えだね。この日は、僕の習性にぴったりかもしれない。

「え～どこが夏至？　見たところ君は、細長い体をした魚だし……」

僕は沿岸の表層を泳いでいる〝ダツ〟で、英語ではNeedlefish。

「だから、どこが夏至かと？」

しつこいね。僕はダツ目という仲間で、同じグループにサヨリやサンマ、そしてあのメダカもいる。

「ますます分からないね。第一、食べられるの？」

もちろん空揚げや塩焼きで。それより、このとがった口先に要注意。

「ほ～それが夏至と関係ある？」

僕は獲物の小魚が、キラリと光るのを目がけて突き進むんだ。夜間に船上のライトに飛びかかり、突き刺さったこともあるのさ。

「なるほど、太陽の光も君も〝ダーツ〟のように的に向かっていくんだね」

頭はお嫁さんに食べさせてね

マゴチ

二〇〇九年六月二五日

立ち入った質問だけど、お姑さんとお嫁さんは仲良くやってる？

「いや〜それが、なかなか……」

だったらこの私が解決するわよ。

「魚の君に何ができるんだい」

あらお言葉ね。私には〝ナス〟や〝サバ〟と同じ効果があるのよ。

「その二つと、君の関係が分からないよ。そもそも君は誰なの？」

私の名はマゴチ。単にコチとも呼ばれる。それから〝秋〇〇は嫁に食わすな〟って聞いたことない？

「ああ知っている。これはお嫁さんいびりや、逆に大事にする意味にも使われる。で、〝秋コチは嫁に食わすな〟っていう言葉があるの？」

いやそうでなく〝コチの頭は嫁に食わせよ〟と言うのよ。

「それは、どっちの意味で？」

私の頭はトゲトゲしく骨だらけで、食べるところがあまりないの。

「だったら、いじめじゃん」

いや、ほおの身は特においしく、煮つけで最高。お嫁さんにぜひ。

「1匹の頭だけで食欲が満足するか？　コッチのほうが心配だよ」

渓流の女王、〃やもめ〃の語源説も

ヤマメ

二〇〇九年七月二日

間もなく梅雨も明けると、山登りや渓流釣りには絶好の季節だ。

「では、そんな方のために、私のテーマソングを披露するわ」

おっいいね。軽快なマーチかな?

「お兄～さんよく聞～けよ♪　山女にゃほ～れるなよ～♪」

もしかして〃山男の歌〃の替え歌じゃない。つまり、君は〃やまんば〃みたいに危ない女ってこと?

「あら違うわ。私は山女魚とも書く、渓流釣りの女王としてもあがめられている魚よ。お味も、塩焼き、バター焼き、姿煮、から揚げなど、白身で淡泊だから人気が高い」

じゃあ、さっきの歌は、君に熱を上げている釣り人への警告なんだ。

「元歌では〃後家さんになるよ〃と注意をしているけど、山女にも、〃やもめの語源〃という説がある」

え～っ、それはなぜ?

「私は、サクラマスが一生、川や湖ですごす陸封型。でも、メスの一部は1年余りで海へ下る。その間、オスは独身生活をするからとか」

さわやかに歌っていられないね。

名前は七夕系　願い届いたかな

ホシササノハベラ

二〇〇九年七月九日

七夕も終わったわね。今年のあなたの願いは、星に届いたかしら？

「笹の葉、さ〜ら、さら〜♪」

あら〝七夕さま〟の歌を口ずさんでいるということは、成就したの？

「いえ、満願を喜んでいるのではないけど、私を紹介する曲だから」

え〜　なぜ魚のあなたと、このロマンチックな歌が関係あるの？

「あらいけないかしら？　私の名前は〝ホシササノハベラ〟。ほら、星も笹の葉の文字も入っている」

確かに、名前はいかにもぴったりだけど、なぜその名がついたの？

「体つきが笹の葉のような形をしていて、おなかや背中に星のような白斑点があるからよ」

外見だけでなく、甘いロマンスの味がすると、さらにいいのにね。

「煮つけや塩焼きで結構うまい」

いや料理でなく、せっかく七夕系なんだから、淡い恋の味とかさ〜。

「それなら、私はベラの仲間なので、メスからオスに性転換する」

君が織姫や彦星だったら、ちょっとややこしい話だったね……。

名前も体も皆既日食にぴったり

アサヒガニ

二〇〇九年七月十六日

あ〜、早く22日が来ないかな。

「一体それは何の日？　誕生会とかいいことがあるの？」

え〜知らないの！　この日は、日本の陸地では46年ぶりとなる皆既日食の天体ショーがあるんだから。

「おお、そうだった。今回の日食は、九州でも90％近くが欠け、種子島や屋久島、奄美大島周辺では完全に隠れてしまうらしいね」

そうそう、この地域は僕がたくさんすんでいる海域だし、名前も日食にぴったりなんだ。

「君は、真っ赤にゆでたカニのようだけど。どこが日食なの？」

この赤さから〝アサヒガニ〟と呼ばれている。だけど、熱を加えなくとも最初からこの色なんだ。

「身もたっぷりありそうだね」

そう、ボイルだけでなく焼いたりサラダにしたり、グラタンもいい。

「では、空を見上げながら君を食べる、というのがオツかもね」

名案だね。でも僕は、海底の砂中に潜っているので実物は拝めない。せめて食べられる前に見たい……。

僕を食べて大暑を乗り切って

セミエビ

二〇〇九年七月二三日

いや〜暑い。さすが23日は、暦の上で〝大暑〟だけある。どこか涼しいところに避難したい。

「こんな時こそ、南国産まれの僕を食べて、夏を満喫してよ」

そういう君は、何だか、カニとエビが合体したような体つきだね。

「僕の名前は〝セミエビ〟。サンゴ礁域の暖かい海にすんでいる」

え〜！　昆虫のセミも合体したのかい。この暑さだから、セミに変身したい気持ちも分かるよ。

「も〜、暑さで頭がボーッとしてきたんじゃない？　僕はれっきとしたイセエビの仲間なんだから」

でも、セミも節足動物だから、広い意味で同じ仲間だよね。

「この名前は、大きな甲羅と脚がセミっぽいからつけられただけ」

で、味もセミに似ているの？

「徹底的にセミの仲間にしたいみたいだね。沖縄ではクマゼミを焼いて食べる風習もあるけど、僕は、刺し身、みそ汁、ボイル、焼きなど、バリエーションでは負けてない」

セミを食べて大暑に対処するか。

真夏でも強い日差しを口で吸収

オオシャコガイ

二〇〇九年七月三〇日

灼熱の夏が真っ盛りだけど、こんなに日光が強いと、海産生物もゆだってしまうね。

「いや、日差しが強いほどうれしい生き物もいる。この私もそう」

見たところ君は巨大な二枚貝だけど、なぜ光が強いと元気なの？

「大きく開いた口の周りの〝外套膜〟と呼ぶ柔らかい部分に秘密が」

うぁ～飲み込まれそうな口だね。もし水中で足が挟まれたら、おぼれてそのまま食べられそうだ。

「まだそんなことを言うヒトがいる。その昔〝人食い貝〟と恐れられたこともあったけど、大誤解よ」

ごめん。で、光との関係は？

「実は私は光を食べているの」

え～？　それってどういう意味？

「外套膜に褐虫藻をすまわせ、光合成してもらって成長するの」

つまり共生関係なんだ。おっと、名前を聞いてなかったね。

「私はシャコガイの仲間。刺し身やバター焼きで喜ばれている」

僕はまぶしいのは苦手だから、遮光していただくことにするよ。

マダコに負けない味と栄養価

二〇〇九年八月六日

ミズダコ

おや、太い8本の腕をからめ困った顔をしているけど、悩みでも？

「8日はタコの日だから、いいことあると期待していたんだけど」

で、何か当てが外れたの？

「どうも、仲間で最も人気なのはマダコなんだ。この僕〝ミズダコ〟は、肉が柔らかく水っぽくてうまくないという噂。でこの名前が……」

でも、そのずうたいは存在感ある。大きさではギネス級なんだろ。

「腕を広げると3メートル、体重も40キロ近く、タコでは世界最大種だ」

だったら、もっと堂々としたらいいじゃない。それだけでかいと食べがいもあるし、いろんな料理で楽しめそうだよ。

「薄くひいた刺し身やしゃぶしゃぶ、赤く染めた酢ダコなど、マダコには出せない味なんだ」

栄養価のほうはどうなの？

「うん、コレステロール低下に役立つタウリンは僕のほうが多い」

ほら、もっと打ち明けてくれたらいいのに。本当に〝水臭い〟よ。

「も〜君までそう言うんだから」

ネバネバ効果で夏ばてを克服

モズク

二〇〇九年八月二〇日

23日は処暑だから、そろそろ夏ばてから脱出したいよね。

「じゃあ、この僕を食べて、疲れた体を涼しくよみがえらせて」

そういう君は、沖縄特産の〝モズク〟じゃないか。でも、体はずるずるで味も酸っぱいし、何だか鼻水すすっているようで、ちょっと苦手。

「それは、三杯酢で食べるからだよ。メニューは、サラダ、天ぷら、かき揚げ、雑炊、みそ汁などなど、バリエーションも豊富なんだ」

でも、それで体調が改善されるの？　単に〝粘り腰〟なんていう駄じゃれで終らせようとしてない？

「おや君は、納豆や山芋、オクラなどのネバネバ食品が、健康にいいと注目株なのをご存じない？」

じゃあ、君のその粘りの素は何？

「よくぞ聞いてくれた。それは、ワカメやコンブなどの海藻にも含まれている〝フコイダン〟だ！」

で、どんな効果があるの？

「肝機能改善、血圧低下、アレルギー抑制などなど、書ききれない」

やっぱり君の〝粘り勝ち〟だ。

つぶらな瞳守るのは脂肪の膜

ウルメイワシ

二〇〇九年八月二七日

気がつけば、もう8月も終わりだわ。ああ、夏が行っちゃう……。

「何だか、目を〝うるうる〟させて、悲しいことでもあったの？」

いえ、この瞳は生まれつき。つらいことがあったわけではないわ。

「でも、やっぱり気になるね。よかったら、身の上話を聞こうか？」

おせっかいね。まあ、名前くらいはいいか。私は〝ウルメイワシ〟。

「ほら、名前にも目が潤んでいるとある。おまけに、君はイワシの仲間じゃないか。イワシは〝弱し〟からきているらしいね……」

も〜、そんなに心配してくれなくてもいいわ。確かに、ウロコははがれやすいけれど、この目は、〝脂瞼〟と言い、透明な脂肪の膜が大きくつぶらな瞳を守っている。鮮度がいいほど澄んでいるのよ。

「ひとまず安心だけど。やはり男は、女性の涙に弱いから……」

それより、味は気にならないの？私は、刺し身、干物では絶品よ。

「いや、行く夏を惜しみ、君を〝目ざし〟て食べるわけには……」

深海の暗がりで役立つ大きな目

チカメキントキ

二〇〇九年九月三日

夏休みも終わって、授業も再開だ。さあ、気持ちも切り替えるぞ！

「先生〜、すでに居眠りしているやつがいるんですけど〜」

ほら〜、そこの赤いの！　顔を上げんか〜。目が近いぞ！

「僕にはちゃんと〝チカメキントキ〟っていう名前があるんだけど」

いや〜だから、〝赤くて目が近い〟と言ったじゃないか……。

「確かにチカメとは、大きな目が近眼メガネをかけているみたいで、キントキは、体が金太郎の前掛けのように真っ赤だからだけど〜」

じゃあ、そのまんまじゃないか。で、目を開けたまま寝てたのか？

「僕の目がでかいのは、深海の暗がりでも良く見えるため。特に網膜にはタペタムという反射板があり、光を集中させるのに役立っている」

も〜、あ〜言えばこ〜言うで、どうにも食えんやつだな。

「そんなこと。僕は、刺し身、煮つけ、空揚げ何でもうまいっす」

その意味じゃない！　おれも気持ちを切り替えて、授業に集中だっ！

似たもの三兄弟で清水港名物に

ヒラマサ

二〇〇九年九月一〇日

清水～港の名物といえば～♪

「おお、もちろん、次郎長の名子分の大政、小政だぜ」

じゃあ、3人目と言えば誰？

「そんなもん〝森の石松〟しかいねえよ～。まったく愚問だな～」

どっこい、そうじゃなく、このおれ〝ヒラマサ〟がぴったりかと。

「おいおい、それって〝マサ〟つながりで、語呂がいいだけじゃん」

ま、それもあるけど、そもそもおれは、ブリ、ヒラマサ、カンパチの似たもの三兄弟の一つで有名でさ。

「だからって、そろって次郎長の子分にタメ張ることもないだろ～」

いや～、清水港といえば、冷凍マグロの水揚げがトップクラスとして有名だけど、次の座を狙う魚種として脚光を当ててもらおうかと。

「そういや～、クロマグロの国際取引が規制される可能性があるし、次の役者が必要かもしれんな～」

トロだけが主役じゃない。おれら三兄弟も、刺し身、すし、焼き物などで静岡名産になれるかも……。

「お茶の～香りと三兄弟だ～♪」

お坊さんの代行ならこの僕に

アブラボウズ

二〇〇九年九月十七日

20日はもう秋彼岸の入り。お墓参りやお坊さんの手配もしなけりゃ。

「おや、だったらこの僕がお坊さんの代行をしようか?」

なんで、魚のあなたに代わりができるのよ。読経ぐらいできるの?

「いや、ただ名前が〝アブラボウズ〟と呼ばれるから……」

まったく、名前だけじゃ役に立たないでしょ。油売ってないで!

「そんなひどい。僕は、あの鍋料理の高級食材〝クエ〟の代用品としても有名だったんだけど……」

ああ、あの偽装問題の! 今度は〝お坊さん偽装〟でもするの?

「あんまりな言われ方だね。名前は、頭が丸いからそうついただけ」

じゃあ、〝アブラ〟にはどんな?

「身にグリセリドという脂質が多いから。その分、こってりとした甘みがあり、煮つけ、刺し身で抜群」

でも、食べ過ぎたら下痢するって聞いたわよ。いくら頑張ってもクエにはかなわないわよ。

「も〜そんなに比べないでよ」

意外と〝ひがん〟じゃうのね。

名前の季語は夏？ それとも秋？

ケムシカジカ

二〇〇九年九月二四日

秋分の日が過ぎ、いよいよ秋到来ということで、まず一句……。〝夏去りて、ケムシカジカの、秋が来た〟

「季語ばっかり並べて、安易な俳句だね。それに自画自賛かい？」

僕〝ケムシカジカ〟は北日本の魚だから、メジャーデビューをと。

「ところで、ケムシカジカって秋の魚なの？ 確か〝ケムシ〟は夏の季語だったんじゃない」

やけに突っ込むね。僕にケムシの名前がついたのは、体表に細かなトゲがあって、色も毛虫っぽいから。

「だったら、やっぱり夏じゃないの？ 食ってうまいのはいつ？」

旬は10月から2月で、刺し身やみそ汁、空揚げもいける。それにカジカは漢字で〝鰍〟と書くんだ。

「う〜ん、だんだん、秋の可能性が膨らんできたけど……」

まだ信用しないね。じゃあ、〝ミノムシ〟はいつの季語か知ってる？

「ああ、それだったら秋」

ミノムシも毛虫の一種なんだぜ。

「も〜ややこしいから、君は〝季節の変わり目魚〟にしたら？」

夫婦げんかは〝休戦〟して円満に

キュウセン

二〇〇九年一〇月一日

「あなたっ！　それはあんまりよ！　許さないわ！　ぷんぷん！」

おや、すごい剣幕で夫婦げんかかい？　一体何があったの？

「聞いてよ、このヒトって、今日の結婚記念日を忘れてるのよ！」

10月から11月は婚礼シーズン。たくさんの夫婦が誕生するから。

「その問題じゃないでしょ。それに、いやに主人の肩をもつけど、あなたは誰なの？」

僕はベラの仲間で、名前は〝キュウセン〟。結婚相談所を……。

「ベラのあなたが、なぜ？」

僕は、成長と共にメスからオスに性転換するので両者の気持ちが分かる。またオスになると、婚姻色といい体色や模様が鮮やかに変身する。

「オスがお色直しを？　で、婚礼料理には使われているの？」

マダイさんほどめでたくはないので。でも、家庭料理の煮つけや塩焼きでいただくと円満かと……。

「何だか無理やり仲裁しようとしてない？　だまされた気分」

これで、けんかは〝休戦〟を！

縁起いい赤い体は応援旗で出番

アカハタ

二〇〇九年一〇月八日

秋晴れの10月は体育の日も来るし、運動会にもってこいの季節だ。

「じゃあ、この僕〝アカハタ〟にも出番があるんじゃないかな～」

　おお、いいところにいた。ちょっと赤組の応援旗が足りないから、代わりに振らせてくれ。

「それは〝赤い旗〟だよ。僕は漢字で〝赤羽太〟と書くハタの仲間」

　でも、その真っ赤な色は赤組にぴったり。そもそも赤は、赤ちゃんや赤飯など縁起がいい代表色。

「でも、源平合戦では赤い旗の平家が負けちゃったじゃない」

　だったら、もう旗の話はやめて、何か競技に出てくれよ。そのでかい口なら、パン食い競走にぴったり。

「いや、食いつきは早いけど、警戒心が薄いのでぶら下がったまま」

　じゃあ、味自慢の競争はどうなの？　マダイも赤くてうまいし。

「どうもすし職人には評判はあまり……。煮つけ、中華、フレンチと加熱専門で手間がかかる」

　も～まったく役に立たんね。これじゃ～運動会は〝白旗〟だ～。

深海で役立つ金色の目　味も金賞

キンメダイ

二〇〇九年十月十五日

10日は目の愛護デーだった。ところで、君は目を大事にしてる？

「もちろんだよ。目は、エサや仲間を見つけたり、敵や障害物を避けたりすることでも重要だからね」

それにしても君の目はでかいね。まるで〝目玉おやじ魚〟だよ。

「ほめてくれてるのか、微妙～な表現だね。確かに僕は、この目の特徴から名前がついた」

で何？　デカメウオとか？

「安易だね～そのまますぎ。ほらよく見てよ。体が赤く目が金色に光ってるだろ～。だから……」

分かった、〝キンメダイ〟だ。

「当たり！　僕は水深１５０メートルから５００メートル付近の暗い深海にすんでいるので、大きな目が必要になった」

その命名もイージーだね。で、なぜゴールドなんだい。味が良くて金賞をもらったとか？

「この輝きは、目の奥に光を集める反射板があるからさ。でも味だって、鍋やみそ漬け、刺し身で、歯ごたえや舌ざわりに称賛の声が多い」

抜け目なく、ＰＲも忘れないね。

僕を食べると足が速くなるかも

バフンウニ

二〇〇九年十月二二日

走れ〜走れ〜フンタロ〜♪　本命、穴馬かき分けて〜♪

「おや、競馬の応援かい？　25日は京都で菊花賞レースもあるしね」

そうなんだ。僕の応援しているのは〝フンタロ〜〟だ。頑張れ〜！

「しかし、その馬名はあんまり速そうじゃない。そのフンとは〝糞〟のことなんだろ？」

そうだけど……。でもこの僕〝バフンウニ〟も、漢字では馬糞雲丹と書くんだから、ぜんぜん抵抗ない。

「確かにその丸い形も色も、馬のウンチが転がっているみたいだ」

こう見えても、ウニの仲間では小粒ながら最高にうまいと評判さ。福井県地方では〝越前雲丹〟と呼ばれ、日本三大珍味の一つにもなってる。

「ということは、ムラサキウニが本命で、君は穴ってとこ？」

いや、生でも、焼いても、アルコール漬けでも僕のほうが本命。それに、馬糞を踏むと足が速くなるらしいし、僕を食べても同じ効果が……。

「1番人気は分かったよ。興奮して、騎手を振り落とさないように」

カボチャ頭のふくらみは脂肪

コブダイ

二〇〇九年十月二九日

31日はハロウィーンだね。

「うん、この日は、カボチャに目や鼻、口を切り抜き、頭のようにしてランタンをともすのが有名」

え〜、カボチャの頭だって？　何だか僕には親近感があるな〜。

「そういえば、丸いおでこ、大きな口と乱杭歯、ギョロギョロ目玉の顔はそっくり！　どんな魚なの？」

僕は〃コブダイ〃。この大きな頭のふくらみから名前がついた。

「で、赤い体がタイってわけ？」

いや、僕はベラの仲間。この体形は成長してオスになった証拠だ。

「え〜、それってどんな意味？」

僕はメスからオスに性転換する。

「生態の不思議さもハロウィーンにぴったり。で、食べてうまいの？」

僕は、カボチャと同じように、煮ても焼いてもフライでもいける。刺し身は僕だけの得意技だけどね。

「じゃあ、今年から君も仲間だ」

でも、カボチャ頭って呼ばれるのは中身が空っぽみたいでいや。僕の場合は脂肪が詰まっているんだ。

「それは、メタボ頭ってこと？」

〝土とんの術〟使って身を守る

イシガレイ

二〇〇九年十一月五日

「山！　川！」「谷！　水！」

おや、忍者の合言葉かい？

「そうじゃ。では、沼！　と言えば、なんと答える？」

じゃあ、〝池！〟でどうだい？

「お主、味方でないな曲者だ！」

おいおい、じゃあ正解は何？

「そこは〝石〟と言わねば。これは、ヌマガレイと拙者イシガレイが同じ仲間だという確認なのだ」

分かったよ。じゃあなぜ、カレイの君たちが忍者遊びをしてるの？

「無礼者！　遊びでない！　これは拙者らが命を守る術なのじゃ」

じゃあ、それを見せてよ。

「いいか！　ドロロン、パッ！」

うぁ～、海底の砂の色と同じ模様になって消えちゃった。まるで〝土とんの術〟じゃない。おまけに、イシガレイさんには、体の表面に石のような突起まであって。完璧！

「料理の術も、刺し身や煮付け、フライなど多彩でござる」

最近、世界的に忍者をモチーフにした映画がはやってるね。カレイさんも華麗に銀幕デビューしたら？

防火予防の宣伝キャラにいかが

ハマフエフキ

二〇〇九年十一月十二日

7日は立冬だったから、暦の上ではもう冬。空気も乾燥してくるね。「9日から15日までは秋の全国火災予防運動中だし、火の用心だ」

じゃあ、この僕〝ハマフエフキ〟を運動のイメージキャラクターに使ってくれないかな？

「どうして、魚の君が……。うぁ～ちょっと！　くわえタバコしてない？　口元が真っ赤だよ。言うこととすることが逆じゃない！」

いや、これは口の内側に赤い色素があるから。なので〝口火〟という別名もあるんだ。

「名前に火の文字があるのなら、ダーティーキャラで使えるかも？」

勝手な判断を……。調理人には、白身で上品な魚として、刺し身、ムニエル、塩焼きなど評判がいい。

「そんなに口をとがらせて文句を言わなくても……」

口先がとがっているのは、フエフキダイの仲間の特徴。ほら、まるで笛を吹いているみたいだろ。

「そういえば、木枯らしがぴゅーぴゅーと出てきそうだね」

岡山名物ママカリ料理で有名

サッパ

二〇〇九年十一月十九日

暖かい日があったかと思えば、急に冷え込んだりと、天候はさっぱり安定しないね。

「そうだね、さっぱりだね」

それに、さっきから釣り糸にはさっぱり魚信がない。

「そうだね、さっぱりだね」

景気も厳しく、財布もさっぱり。

「そうだね、さっぱりだね」

さっきから、返事は〝さっぱり〟ばかりで、君は誰なの？

「そうだね、サッパなんだけど」

おいおい、またさっぱりかい？

「いや本名が〝サッパ〟なんだ」

ひょっとして、お味がさっぱりでまずいからその名前に？

「いや、瀬戸内では別名〝ママカリ〟と呼ばれ、おいしくてご飯を借りてくるほど食が進むと評判。岡山名物にもなっているほどさ」

ほ〜、どうやって食べるの？

「塩焼きや酢漬けの料理が有名なんだ。ほら試食してみてよ」

おお！　さっぱりしてうまい。

「ほらそっちも〝さっぱり〟と」

誤解はさっぱり忘れてくれ。

僕もタラバもヤドカリの仲間

二〇〇九年十一月二六日

アブラガニ

気がつけば、もうすぐそこに師走が迫り、寒さも本番になるね。

「この季節は鍋で温まりたいな。山陰のズワイガニ漁は11月6日に解禁しているし、今夜はカニだ!」

だったら、この僕〝アブラガニ〟のほうで満腹になってよ。

「え～? アブラガニ……。あまり聞かない名前だね。どうみても、体はタラバガニっぽいよ」

「そう、僕はよく親類筋のタラバガニと混同されたり、中にはご本家に偽装流通されたりした頃もある」

え～、じゃあどこで見分けるの?

「生の時、やや青いほうが僕。ボイルして赤くなると区別は困難だ」

その他に違いはないの?

「甲羅の中央部の突起が四つで、各脚の裏全体が白いとこの僕さ」

う～ん、忘れてしまいそうな細かな特徴だね。肝心のお味はどう?

「貴重さもあってか、お味も値段もタラバがぐっと上になる」

じゃあ、今夜はタラバにする。

「実はタラバも僕も分類上はカニでなくヤドカリ。それでもいい?」

何でも食べるでタラめな悪食者

マダラ

二〇〇九年十二月三日

雪の降る街を～♪　雪が降る～♪

「おお、12月に入ったので、ロマンチックな歌がよく似合うね」

てなこと言われてその気に～♪

「おいおい、変わり身が早いね」

そう、僕の名前〝マダラ〟は漢字で〝真鱈〟と書き、雪の文字が入っているけど、その実態には要注意。

「え～どこが？　君の白身で淡泊なお味は、鍋や蒸す煮るなど最高」

ところがだ。僕は〝やタラに何でも、タラふく食べる、でタラめなやつ〟なんだ。

「何だか、やけにタラの名前が出てくるけど、関係あるの？」

そう、これは漢字でそれぞれ、矢鱈、鱈腹、出鱈目、と書き、全部に僕の名前が使われているのさ。

「ということは、君はとっても大食漢な魚ってこと？」

その通り。魚、エビ、カニ、タコ、貝など、目に付くものは何でも片っ端から食っちまう、悪食者だ。

「せっかく、雪見気分で盛り上がり、絶唱しようと思ってたのに」

ああ～♪　小雪～♪

クラゲと暮らし我が身を守る

イボダイ

二〇〇九年十二月一〇日

12月10日は何の日か知ってる？

「う〜ん、それって大事な日？」

もう忘れたの〜！　昨年は日本人の授賞式で大騒ぎしていたのに。

「思い出した！　ノーベル賞だ」

その通り。で、クラゲの研究でいただいた人は誰か覚えてる？

「化学賞の下村脩博士だろ。オワンクラゲから緑色蛍光たんぱく質を発見した業績だった」

おお、それだけクラゲに詳しいのなら、僕のことは知ってる？

「前置きから察するところ、クラゲと深い関係の魚かな……」

物忘れがひどい割には、勘は鋭いね。いい線いってるよ。

「失礼だね。君が〝イボダイ〟という名前で、クラゲの触手の間で暮らし、我が身を守りながらその触手を食べることも知ってるさ」

おお、お見通しのようで……。

「それだけじゃない。別名を〝シズ〟と言い、煮物、バター焼き、塩焼き、干物でうまいこともね」

すごい！　それだけ知識があれば〝ノーベル魚類学賞〟だ！

倒す敵はオニヒトデと〝ヒト〟も

ホラガイ

二〇〇九年十二月十七日

皆の者、出会え〜！　これから出陣だ〜！　共に戦い敵を倒すぞ！

「声を荒らげて物騒だね。何の戦が始まるんだい？　忠臣蔵の討ち入りなら14日にあったよ」

あんな、雪の夜にひっそり宿敵に近づくんじゃなく、もっとガバ〜っと、勢いよくアピールしてさ〜！

「そんな大法螺吹く戦なの？」

いくら僕の正体が〝ホラガイ〟だからと言って大げさに騒いではいないけど、深刻な環境問題だし……。

「じゃあ、一体、誰と戦うの？」

対戦相手はオニヒトデ。サンゴ礁を食い荒らす憎き生物で有名だ。

「サンゴ礁が減少する原因の一つにもなっているらしいね」

だからこの鬼を食べてやるぞ！

「しかし、君の殻は装飾品に、身は刺し身や煮つけなどでうまいから乱獲されているとも聞いた」

だからオニヒトデが増えたという説もあるんだけど……。

「ということは、私たち〝ヒト〟が、君らの天敵ってことかい」

おお、目の前にも敵がいた〜！

本命狙いは私の卵のキャビアで

チョウザメ

二〇〇九年十二月二四日

待ちに待った聖夜がやってきた。こよいは、彼女をくどくために、奮発して、特別な料理を用意した。

「あら、それはどんな素材で？」

ウニにカラスミ（ボラの卵）、そしてコノワタ（ナマコの腸）だよ。

「え〜、なんでそんなものを」

だって、これらは〝日本の三大珍味〟と言われる食材だよ。これだけ集めればもうバッチリさ。

「あら意外と貧相ね。本命狙いなんでしょうから、そこはもっとスケールを大きく、ぜひ私の卵の塩漬け〝キャビア〟を召し上がってよ」

なぜ、君の卵がおすすめなの。

「キャビアとフォアグラ（カモの肝臓）、トリュフ（きのこ）は世界三大珍味。つまり世界一の水産物だから、日本勢が束になってもね」

じゃあ、より確実な作戦に変更するよ。しかし、君の正体が不明？

「あら、知らないの。私はチョウザメという、古代魚の一種だけど」

え〜！　あの鼻先がとがり、口の周りにヒゲが生えた地味な魚だろ。僕にはかなり〝興ざめ〜〟。

牛と関係のない最高のすしネタ

ミルクイ

二〇一〇年一月七日

新年あけましておめでと〜。ところで、今年の干支は何だったかな。

「そろそろ松も明ける頃なのに、年賀状は虎ばかりだっただろ」

え〜いつの間に？　僕はまだ丑年かとばかり。だから、満を持して控えていたのに。

「で、君は牛と関係があるの？」

いや、そんなには……。ただ名前が、ミルクイという二枚貝だから。

「安易だね。ひょっとして牛のミルクと引っ掛けようかと……」

まっそこのところは置いといて、牛肉も僕も高級食材で人気だし。

「見たところ、貝殻から太い管が出ているね。でもグロテスクだぜ」

とんでもない。ここは水管といって、寿しネタでは最高品なんだ。内臓や貝柱もバター焼きにされる。

「おや、意外に食い下がるね」

そりゃそうさ。この名前は、ミルという海藻がこの水管にくっついていることが多く、ミルを食っているように見えたからとか。

「何だ、やっぱりミルクとは縁がないじゃん。牛歩にもほどがある」

成人の祝宴は青臭さ抜けてから

ニザダイ

二〇一〇年一月十四日

11日は新成人をお祝いする、おめでたい日だったね。

「ありがとう。君から祝福してもらえるとは思わなかった」

え～、君も成人式だったの？

「二十歳を迎えたわけじゃないけど、このおれの〝ニザダイ〟という名前の由来がそうらしいんだな」

え～どこが？　想像つかないよ。

「ニザはニセ（新背）がなまったもので、ニセは新たに大人の仲間入りをした若い男のことなんだ」

そういえば、粋で勇み肌な男に使う〝いなせ〟の〝背〟にも男の意味があるよね。

「男は黙って背中で語るもんだから、おれ様も寡黙に生きよう……」

まあそう言わず、どうやったらうまいかぐらいは教えてよ。

「刺し身、から揚げ、煮つけもあるけど、磯臭くて嫌うヒトも……」

未熟な男を青二才というけど、君はまだ青臭いってことなんだ。

「それって、タイにもなれない中途半端な魚ってことかい？」

成人の祝宴はマダイに頼むわ。

寒い夜は今が旬の〝ムツコ〟で

ムツ

二〇一〇年一月二一日

いや〜寒い。まだ大寒を過ぎたばかりだし、こんな夜は温かい料理で。

「だったら、この私〝ムツ〟がぴったり。寒ムツという言葉があるくらい、今が旬なのよ」

ほ〜、どんな料理でうまいの？

「鍋、煮つけ、塩焼きなど、甘みのある白身は舌触りも最高！　中でも卵巣は〝ムツコ〟と呼ばれ、身よりも高価なのよ〜」

君の味がすばらしいことはよく分かった。でも、名前の〝ムツ〟には〝むっつり〟という意味を連想してしまい、ちょっとね……。

「あら、この名は、脂ののっている様を表す〝むっちり〟や〝むつこい〟という言葉から来ているのよ。ほら、食欲をそそるでしょ」

数字の六つとか、陸奥地方とかに関係あるかと思ってた……。

「仙台の伊達藩では、藩主が陸奥守だったので、同じ名前はまずかろうと〝ロクノウオ〟と呼んだとか」

〝ロクでもない魚〟と言われなくてよかったじゃないか。

「寒いしゃれで落とさないで」

抜群においしいミソ、実は内臓

ケガニ

二〇一〇年一月二八日

冬の海の味覚と言えば何？

「そりゃ～やっぱカニだよ。タラバガニやズワイガニなど、鍋でもゆでても、うまくて温まり最高さ」

あれ～？　なぜそこにこの僕、ケガニがいないんだい？

「だって、体が小さい上に脚も短いのでおなかいっぱいにならず、身をほぐすのにも手間がかかるし」

も～素人だね。外見重視のヒトはこれだから困る。問題は中身だよ。おれ、脱いだらすごいんだけど。

「どら……。本当だ！　甲羅を外したらカニミソがいっぱいじゃん！　しかも抜群にうまい！」

だろ～。名前も全身が短い毛におおわれているからそのまま〝ケガニ〟になったけど、本来なら〝ミソガニ〟とかつけてほしかったぜ。

「で、このミソは脳みそなの？」

いや、これは中腸腺と呼ばれ、脊椎動物の肝臓や膵臓などの内臓にあたる。脂肪や栄養素が豊富に貯蔵されるので超～おいしいんだ。

「もう～そこまで自慢したら〝手前みそ〟だよ」

痛そうなトゲにも身がぎっしり

イガグリガニ

二〇一〇年二月四日

「鬼は〜内！　福も〜内！」

おや、3日は節分だったけど、そのかけ声はちょっと違う気が……。

「確かに。実はこの僕のために、少しアレンジさせてもらったんだ」

そういえば君の姿は、全身が真っ赤な上に、鋭いトゲで覆われ、まるで赤鬼の頭のようだね。

「僕の名前はイガグリガニ。こう見えてもタラバガニの仲間なんだ。分類上はヤドカリに近いけどね」

でもその呼び名は〝いが栗〟から来ているんだろ。痛そうで触るのもいや！　それに、そもそも食べられるの？　身もあまりなさそうだし。

「ずいぶん嫌うじゃん。だけど、ゆでても蒸しても抜群で、身には甘みがあるって評判なのさ」

見かけによらないのは分かった。でも、素手では血だらけになりそう。

「そこのところは、鬼と格闘する気持ちでワイルドに攻めてよ」

おおっ！　ハサミ脚の中にも身がぎっしり！　しかも、トゲの部分にも身が入っているじゃん！

「だから、〝鬼は〜内〟なんだ」

姿も味も評判の別名〝ミズイカ〟

アオリイカ

二〇一〇年二月十八日

4日は立春ですでに季節は春。しかし今年は豪雪の寒い冬だった。

「でも、少しずつ雪解け水が小川にしたたるようになったわ」

そうそう、だから19日は雨水といい、これからは降っても雨とか。

「ということは、この私の季節と言わせていただこうかしら」

おや、君はイカの仲間のようだけど、春が旬でうまくなるの？

「九州では5～6月が旬とか。でも論点はそこじゃなく、私の名前の〝アオリイカ〟が別名〝ミズイカ〟と言われることにあるの」

つまり、雨水の水とミズイカの水をひっかけて、ということかい？

「それもあるけど、私の体は透き通るようにみずみずしくて美しく、泳ぐ姿もひらひらと優雅なのよ」

外見が自慢ってわけ？

「あら味だって、刺し身で召し上がると甘みがあって歯ごたえも良く、イカの仲間では最高級と評判」

姿も味も評判がいいとは、これまた才色兼備なイカだね。

「水もしたたるイカなのよ」

海藻パワーで〝元気出せよ〜〟

ヒジキ

二〇一〇年二月二五日

　この季節、海で繁茂した様々な海藻が、煮付けやいため物、酢の物などで、食卓を大いににぎわすわね。

「そうさ、Y・M・CA〜♪」

びっくりしたわ。いきなり〝秀樹〟の歌で、何が起こったの？

「いや、海藻の代表として、この僕〝ヒジキ〟が盛り上げようと」

　それって〝ひでき〟つながりの、苦しい〝駄じゃれ〟じゃない？

「とんでもない！　僕たち海藻には、ヨウ素、マグネシウム、カルシウムが豊富に含まれていて、これらが、元気と若さの源だからさ」

　確かに、その三つの頭文字を合わせると〝YMCA〟だわ。きゃ〜！　ヒジキ〜！　すてき〜！

「すばらしいY・M・CA〜♪　荒い波の〜磯に生える〜♪　僕は褐藻類〜♪。君も元気出せよ〜♪」

　ノリノリになってきたわ〜。

「そうそう僕は海苔でもあるし」

もう〜！　駄じゃれなど吹き飛ばして〜♪　私も元気出すわ〜♪

「浮かれて食べすぎないように」

優しさも最上のヒジキだわ〜！

干潟の埋め立てや汚染で希少に

シャミセンガイ

二〇一〇年三月四日

3月に入り陽気な季節になった。何だか楽器でも奏でながら、うまいものが食べたい気分だ。

「だったら、三味線を弾きながらシャミセンガイを食べる案は？」

う〜ん、両方とも地味というか、あまりメジャーじゃないね。

「そんなことないわ。4日は〝三味線の日〟にもなっているから」

それって3と4の語呂合わせだけじゃん。強引な話の展開だね。

「でもこの私シャミセンガイは、希少生物なので超レアな食材。煮つけやみそ汁で隠れたファンもいる」

しかし、なぜ少ないの？

「私のすむ干潟は、埋め立てや環境汚染などで瀕死状態だから」

それはお気の毒に。ところで、お味はやっぱり貝っぽいの？

「私は腕足動物で貝とは無縁。それに風味はエビやカニに近いとか」

でも魚屋では見かけないな〜。

「そうね、福岡でも有明海周辺の限られた地域でしか流通しない」

いろんな真実が発覚したね。

「三味線は弾いてないわよ」

ホワイトデーも白身の僕の出番

キチジ

二〇一〇年三月十一日

君～、なんだかそわそわしているね、何を期待しているの？

「14日はホワイトデー。バレンタインのお返しがどれほど来るかと」

男も女も駆け引きの時期だね。

「チョコにはかなり投資したけど、本当に効果あるのかしら？」

だったら次回はこの僕を使って。

「真っ赤な体と大きな目のあなたに、どんな力があると言うの？」

僕の名前は〝キチジ〟。漢字で喜知次とか吉次と書いたりする。ほら、いいことがやってくる予感が……。

「どこにいるか分らない魚にチョコの甘い誘惑よりすごい技が？」

どっこい、僕は水深1000メートル付近にもすめる深海魚だ。高水圧に耐えるし、つぶらな瞳で暗闇を見通せ、味も煮つけで抜群なのさ。

「そういえば、体表もゴールドに輝いてゴージャスな雰囲気も……」

僕は別名の〝キンキ〟でも有名。これも漢字で〝金黄〟と書く。しかも脂肪たっぷりの白身だし。

「お返しのマシュマロ代わりにもピッタリね」

最終回、未来に大きな夢描こう

シロナガスクジラ

二〇一〇年三月十八日

「うぁ～　すごい数の魚衆が大騒ぎして、一体どうしたんだい？」

　みんな注目！　最後は地球上の最大生物、シロナガスクジラがやってきたぞ～。30メートル級は大迫力だ！

「で、何の集まりなんだい？」

　今日は、この紙面でヒトとトークバトルした170種の生き物が、ヒトはもっとおれたちを大切にすべきだと激論していたところなんだ。

「そうだな、おれ様も、カツや竜田揚げなどで、ヒトの胃袋を満たした時代があった……」

　そうなんだ！　この星で一番偉そうにしているけど、飲んだくれて我々を食っている時に、どれほどありがたく思ってくれているのか？

「まあ、日本人は〝(命を)いただきます〟と手を合わせるから、少しは気遣っているかも？」

　でも、最近の漁獲変動を見ていると、未来の生態系が心配だ。

「我々のほうが生物進化の大先輩だから、もっと感謝し、秩序正しくバランスよく食べてほしいよな」

　誰もが大きな夢を描けるように。

あとがき

8年前の2002年9月より、朝日新聞西部本社版の釣り文化紙面で、週に1回、海の生物を紹介する連載を務めることになった。ところが、私は魚釣りをしない。このため、釣りに役立つ魚の情報は書けない。またそのような書物は、巷にごまんとあふれている。思案の末、私は、海の生物たちが自ら自身を語るという、一人称形式での文面にすることにした。これは、水族館という現場に勤めてきた私が、毎日のように、ガラス越しに彼らと「会話していること」を書けばよく、また、そもそも水族館の役割が、「ヒトの言葉がしゃべれない魚たちの通訳になること」と思っている私の、信念からの発想でもあった。

そうして始まった連載のタイトルは「魚のつぶやき」。当時、インターネットでようやく、「ブログ」なるものが出始めた頃に、なんとすでに「ツイッター」よろしく、様々な魚たちが〝ぼやき〟や〝暴露話〟をし、ヒトたちと楽しい会話を展開してくれた。この「魚のつぶやき」は、当初は1年の約束であったが、意外に好評だったのだろう、結局、3年間も続いて、この間に150種類の海の生物たちに登場いただいた。

さて、最初の3年のゴールが見え始めた頃、当時、朝日新聞社の編集を担当されていた蒔田威裕氏から、「次回はどんな連載ですか?」との催促が来た。ちょうど、紹介したい魚も出揃い、ネタ切れしそうになっていた私は、少し前からアイデアを暖めていた「魚のカルタ」の連載を提案した。さっそく文字札のサンプルを書き、絵札は知人のイラストレーター萩原洋子さん(当時)にお願いした。企画は毎週1セットずつ、カルタの文字札と絵札、さらにその詳細な解説も加え、〝あ〟から始まり〝ん〟までの50回を順に掲載すると、ちょうど1年の連載で「魚のカルタ」が完成することになる。もちろん、読者が全カードを揃えようと購読していただけるだろうとの目論見もあった。

連載のタイトルは「海のふしぎカルタ」とし、魚だけでなく海の様々な現象の不思議をカルタで楽しみながら知るという企画になった。今度はこの紙面が親子で楽しんでいただくコーナーとなったようで、読者からは、「毎週、楽しみに切り抜いています」との便りも届いた。きっと厚紙に貼ってカルタ仕様にされているのだろう。こうして、4年で2つの連載に取り組んだ成果は、東海大学出版会のご協力のおかげで、それぞれ2冊の書籍となって発刊された。

朝日新聞西部本社からは、その後も、2006年9月から2010年3月までの3年半、同じ紙面で、「居酒屋の魚類学」というタイトルでの連載をさせていただく機会も与えていただいた。この連載をするきっかけは本著の「はじめに」で触れたが、最初の「魚のつぶやき」から足掛け7年半もの長い間、編集をご担当いただいた皆さんには大変お世話になった。特に3回目の連載では、川副典美さんに、見出しの作成、表記の校閲、事実関係の裏づけなど、懇切丁寧な校閲やご助言をいただいた。また3回目が、171回もの長きにわたって連載が可能になったのは、文化部デスクの山盛英司氏、秋山亮太氏の格別なご配慮と深いご理解のおかげと心から感謝している。

そして、最も忘れてはならないのは、私の拙稿を飾っていただいた、イラストレーターの大隅洋子（現姓）さんだ。大隅さんには、前作の「海のふしぎカルタ」に続いての挿絵のお願いで、快くお引き受けいただいたが、私はこの3回目には大きな目論見があった。それは、私の文章は極力減らしてイラストを大きく出し、どちらかと言えば、挿絵で楽しんでいただく連載にしたかったのだ。そのため、イラストを上段にレイアウトし、文字数は「魚のつぶやき」の6割程度にまで絞り込んだ。つまり、第3回目では、二人の完全共著にしたかったのだ。大隅さんも、そんな私の想いを受けて、イラストにも毎回、熱を込めていただき、このまま魚類図鑑まで描けるのではと思うほど精度が上がった。また、いつも脱線気味の拙稿を1カットで表現されるのにずいぶん苦労をかけたことだろう。彼女のイラストの技術だけでなく、その豊かな発想力と表現力にも敬服した。この連載の魅力は、ひとえに大隅さんのイラストにあったと、最初の目論見は外れていなかったことに安堵している。

ところで、執筆では、できる限り季節の話題や日本の文化にも触れるように配慮したが、実は「楽屋落ち」のように内輪の者にしか分からないネタも含まれていた。今だから明かせるが、イトヨリダイの紹介号は、数日後に迫った大隅さんのご結婚への祝辞が含まれていた。それ以外にも、島根県へ配信がなくなる月には同県の産物の話題で占めたり、朝日新聞のご担当者の異動では、こっそりと文章中にお名前をお借りした。そして、私事になってしまい恐縮だが、私の家族や友人もネタになった号もあった。今振り返れば、この長い連載を支えてくれたのは、こんな身近なヒトたちのおかげもあったのだろう。

最後に、3度目の連載もこうして出版物として発刊を許諾いただき、立派に仕上げていただいた、東海大学出版会の稲英史氏に心からお礼を申し上げたい。また、ここで紹介しきれなかった多くの皆さん、そして執筆のために私の胃袋に収まってくれた水産物たちにも心から感謝したい。

2010年10月吉日

高田　浩二

索引

著者紹介

高田浩二(たかだこうじ)

1953年　大分県生まれ。東海大学海洋学部水産学科増殖課程卒業、博士(学術)。
現在、(株)海の中道海洋生態科学館(マリンワールド海の中道)館長、日本動物園水族館教育研究会会長、NPO法人ミュージアム研究会理事長、福岡教育大学非常勤講師ほか
主な著書(共編著含む)　博物館をみんなの教室にするために(高稜社書店)、すぐできる教育ブログ活用入門(明治図書)、魚のつぶやき(東海大学出版会)、海のふしぎ「カルタ」読本(東海大学出版会)ほか

大隅 洋子(おおすみようこ)

1977年　福岡県生まれ。九州産業大学 芸術学部 デザイン学科ビジュアルデザインコース卒業。
印刷会社、デザイン会社等を経て、現在、フリーのビジュアルデザイナー・イラストレーターとして活動中。

居酒屋《いざかや》の魚類学《ぎょるいがく》

2010年10月1日　第1版第1刷発行

著　者　高田浩二・大隅洋子
発行者　安達建夫
発行所　東海大学出版会
〒257-0003 神奈川県秦野市南矢名 3-10-35
TEL 0463-79-3921　FAX 043-69-5087
URL http://www.press.tokai.ac.jp/
振替　00100-5-46614
印刷所　株式会社真興社
製本所　株式会社積信堂

ISBN978-4-486-01886-5